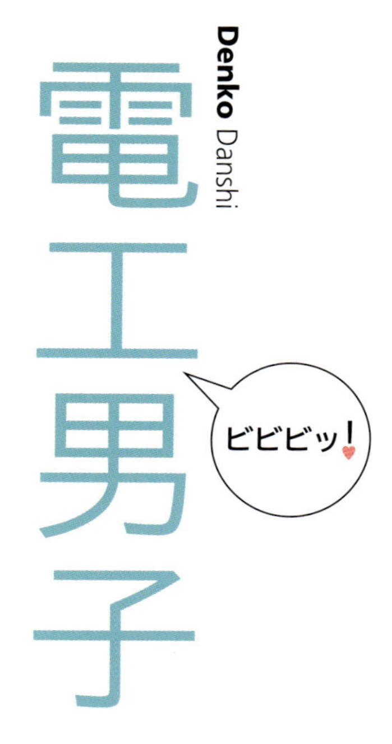
Denko Danshi
電工男子
ビビビッ!

電気と工事編集部 編

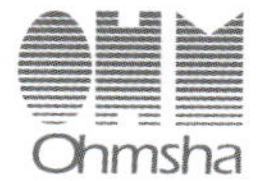
Ohmsha

現場のイケメン

「電工男子」って、どんな人？

建築現場で、作業服にヘルメットを被り、ペンチやドライバーなどたくさんの道具を腰にぶら下げ、肩に電線を抱えている職人さん。または図面を脇に抱え、配線の確認をしている監督さん。あるいは街や郊外で、電柱に登って、電線を引っ張り上げている職人さん。

この人たちはみんな、「電気工事」の仕事に携わる人たちです。

その姿は、「電気」という生活になくてはならないインフラを守るという使命感に溢れ、凛々（りり）しく、逞（たくま）しく、そしてカッコいい。

そんな電気工事の現場で活躍するイケメンたちを、「電工男子」と名付けました。

電気と工事編集部では、全国の「電工男子」のもとを訪ね、仕事のようすやオフショットをカメラに収めました。〝オン〟も〝オフ〟も素敵な、「電工男子」の魅力を余すところなくお届けします。

オーム社 電気と工事編集部

CONTENTS

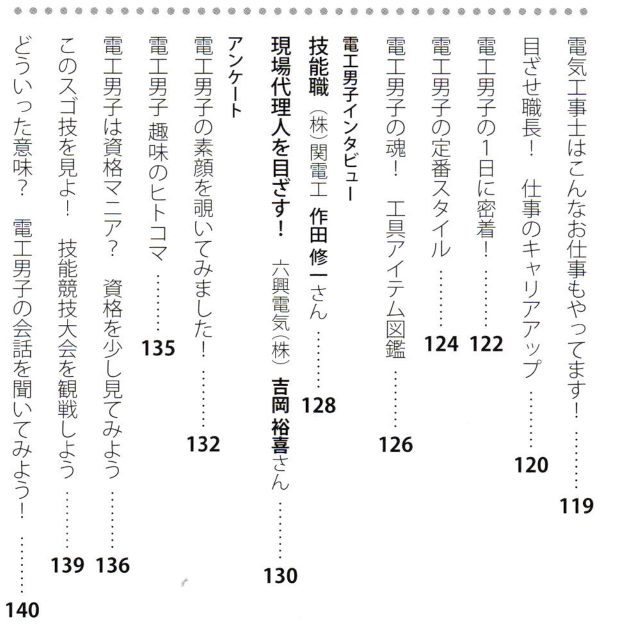

chapter 1

ズームアップ！電工男子

Denko Danshi

電設（電気設備）の

貴公子

トナミ電工 株式会社

豊　真　ゆたか まこと

担当者との打ち合わせもスマートにこなす

撮影協力：ナルックス 株式会社

工場での作業は信頼が重要

仕事で出入りする工場で、すれ違う女性社員が思わず振り返る、端正（たんせい）な顔立ちの豊さん。でも、注目されるのはルックスだけではないんです。「電工になったのは、父がこの仕事をしていたので……」

父親の仕事がまさに天職だった豊さん。どこの仕事現場へ行っても、礼儀正しい態度と、しっかりした技術に、周囲から厚い信頼が寄せられています。一部女性に、熱烈なファンもいるとかいないとか。

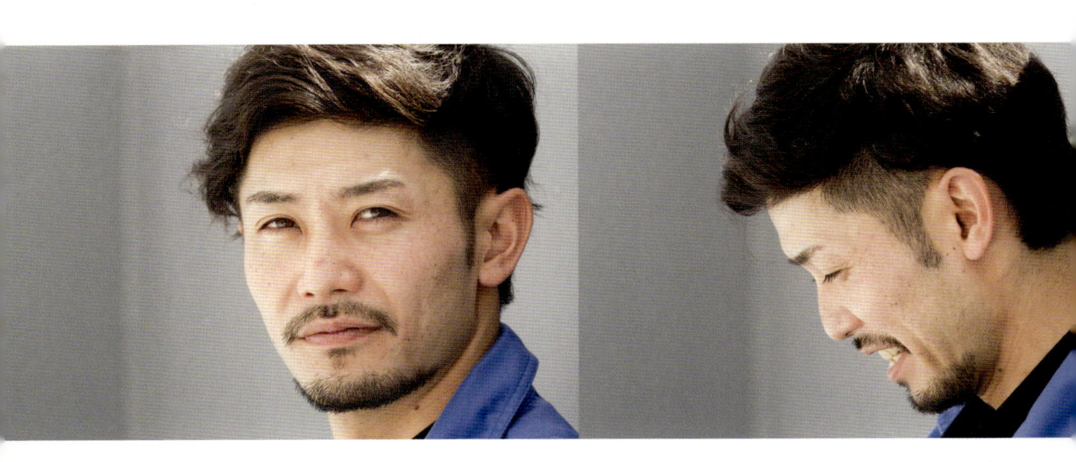

趣味のフットサルで汗をながす

爽やかな笑顔が印象的な豊さん。一見、もの静かなイメージですが、実際はとてもアグレッシブ。週に2日程度、仕事後にフットサルコートへ行って、2時間は練習するというハードスケジュールをこなしているそう。

さすがボールを蹴る姿は、ビシっと決まっています。

「高校時代はサッカー三昧でした」

今でもその情熱は途切れることなく、取り組みも本格的です。

「えっ！ 芸能人？」

撮影中に、通りすがりの女子学生が撮影風景を確認しに戻ってくるほど、豊さんのアスリートのような立ち姿は際立っています。

しかも「性格も穏やかで、今どき、珍しいくらい、真面目に仕事をする若者」（豊さんの上司）という人柄と相まって、その魅力は尽きません。

電気という社会インフラを支える縁の下の力持ち、「電工男子」の素顔は、こんなにも素敵なのです。

豊 真
Makoto YUTAKA

★1984年8月生まれ ★大阪府在住 ★血液型：O型 ★趣味：フットサル ★好きな食べ物：焼き鳥 ★好きな色：ネイビー ★仕事へのこだわり：正確さ＆スピード。明るく元気のある現場にすること

若い力を引き出す
頼れる電工兄貴

株式会社 ウエダ電機
植田 成哉 うえだ なるや

兄貴のように頼もしい存在。社員からの信頼は厚い

社長の仕事は体が資本

電気工事会社を経営する植田さん。「デスクワークが続くと、気分転換に体を鍛えています」と、バーベルを持ち上げます。

社員からは、良き兄貴のように慕われている植田さん。

「細かい点も指導しますが、それぞれの責任と自覚を重要視します」

その言葉に、自社の20代～30代の若手「電工男子」への厚い信頼と期待が伺えます。

愛車のジャガーで埠頭まで

植田 成哉
Naruya UEDA

★1975年1月生まれ　★大阪府堺市在住　★血液型：A型　★趣味：ゴルフ、釣り、旅行　★好きな食べ物：おにぎり　★好きな色：赤　★仕事へのこだわり：20代中心の若い会社なので、フットワークの軽さと機動が自慢。これからもその魅力に磨きをかけて全員一丸となって突き進む

大阪湾近くにある会社事務所は、まるでデザイン事務所のオフィスのよう。

「若手が、ここに持ち寄って飲むことも多いんです。皆の仲がすごく良くて、なかなかお開きにならない（笑）」

楽しい職場を作るのも、社長の仕事と、皆のチームワーク維持にも気を配ります。

趣味の車はジャガー。いつかこんな車に乗りたいという、実際に目に見える目標となり、若い電工男子を、陰になり日向になり引っ張っているのです。

近くの白樺林を散策する

アーティスティックな
電工男子

有限会社 フク電工社
石橋 裕一 いしばし ゆういち

大規模農場の工事も行う

ひと言に「電気工事」といっても、多種多様。ただ電気を機器に送るだけではなく、コンピューターネットワーク配線もあります。

専門学校でコンピューターを学んだ石橋さんは、そこで身につけた知識や技術が、仕事の中で役立つといいます。

スレンダーでアーティスティックな雰囲気の石橋さん。オフになると、ひたすら趣味のギターを弾いているそうです。

撮影協力：石橋農場

Marshall

北海道・帯広にある石橋さんの会社では、地元の冬のイベント「氷まつり」の電気工事を担当しています。寒さのあまり電線が凍ってしまうこともあり、寒冷地に適した施工技術が必要とのこと。こういった技術を修得することも、仕事の奥深さだと石橋さんはいいます。

社長である父親やベテランの電工さんたちの期待を一身に受け、ますます専門的な知識や技術を学ぼうと意欲を高めています。

石橋 裕一
Yuichi ISHIBASHI

★ 1985 年 1 月生まれ　★北海道帯広市在住　★血液型：A 型　★趣味：ギター、仏像フィギュア集め　★好きな食べ物：カレー、焼肉、おにぎり　★好きな色：緑　★仕事へのこだわり：よく考え、丁寧に効率よく作業を行う

休日は、ひたすらギターを弾く

シャープに
現場をまとめるホープ

真成電設

石川 大介 いしかわ だいすけ

視線の先には、しっかりとした将来を見据える

「周囲とうまくコミュニケーションを取ること。それが現場を成功させる秘訣です」

そう確信を込めて話す石川さん。平成生まれの若手ながら、しっかりとした仕事観をもっています。

それもそのはず、早い段階で現場を任せ独り立ちさせる、という会社の方針で、早くから現場をまとめる責任ある仕事を担ってきたのです。その経験と実績が、揺るぎない自信のベースになっています。

都内にある建設中の集合住宅。そこで電気工事を行っていた石川さんは、常に周囲への配慮を欠かさず、先輩からは謙虚に教わり、後輩へは迅速に指示を出していました。

スラッとした長身のスタイルに、機敏な行動がひと際目立つ石川さん。仕事の話でも、趣味の車の話でも、話す言葉の一つ一つに自信が満ちあふれています。

とりわけ、電気工事の仕事をすることへの誇り、こだわりは人一倍。若きリーダーとして、さらなる活躍が期待されます。

石川 大介

Daisuke ISHIKAWA

★1992年1月生まれ　★東京都在住　★血液型：A型　★趣味：旅行　★好きな食べ物：ラーメン　★好きな色：青　★仕事へのこだわり：安全第一での作業をするための目配り気配り

仕事でもオフでも自信がある姿勢は変わらない

西川電業 株式会社

林　翔一　はやし しょういち

日本の大動脈を守る

ナイスガイ

鉄塔を作り、守っていくことが
ラインマインの仕事

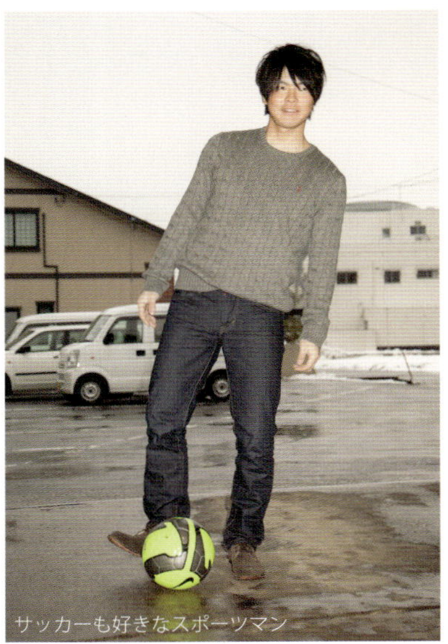

サッカーも好きなスポーツマン

全国に張り巡らされた送電鉄塔。このような鉄塔を建設し、電線を張り、保守していく技術者、ラインマンと呼ばれる職業が、林さんの仕事。まさに日本の電気の大動脈を維持する作業に携わっています。

高さ50メートル以上もの鉄塔に登って作業をすることもあるそうで、想像しただけでも、身がすくみます。

地元・福井を拠点に、ベテランの職人さんたちと現場で作業をしつつ、「施工管理の仕事も任されています」という林さん。

スマートで優しい表情の奥には、仕事への強い責任感と、高い技術力を身につけようとする姿勢がうかがえます。

皆が当たり前のように使う電気。林さんのような技術者によって、私たちのもとに届けられているのです。

林　翔一

Syoichi HAYASHI

★1992年5月生まれ　★福井市在住　★血液型：B型　★趣味：サッカー、ドライブ　★好きな食べ物：寿司、ラーメン　★好きな色：赤　★仕事へのこだわり：現場をスムーズに進めるための自分の役割を常に考えること

近年は太陽光発電パネルの施工依頼も多い。時代のニーズに合わせて新たな仕事にもチャレンジ！

観客＝地域の期待に応えるスラッガー

有限会社 電建工業
野口 秀人 のぐち ひでひと

休日は地元の草野球チームで汗を流すスポーツマン。野球も現場仕事も大切なのはチームプレーだ

生まれ育った町で、父と同じ電気工事士としてデビューを果たしたのは20歳のとき。家庭の照明器具の取り替えから公共施設の配線工事まで、地元とのつながりを大切にする電気工事会社は、守備範囲が広いんです。「高校のあと2年間、県立の専門校で学びましたが、仕事を始めた当時は何もできませんでした。現場はマニュアルどおりにはいきませんから」24歳で初めての職長。年上のベテラン職人をまとめあげ、無事に大仕事をやり遂げた日は、帰りの車の中で人知れず涙を流したそうです。

「この仕事は資格が必要だし、誰でもできるものじゃありません。これからもプロとしての自覚と誇りを持って取り組んでいきたいと思います」

ゆくゆくは父の会社を継ぐのが目標だという野口さん。今はまっすぐ将来を見据えて、自分の足でしっかりと現場(グラウンド)を踏みしめています。

野口 秀人

Hidehito NOGUCHI

★1983年1月生まれ　★群馬県在住　★血液型：O型　★趣味：野球、映画鑑賞、プロレス観戦　★好きな食べ物：焼肉、鍋物、スイーツ　★好きな色：青　★仕事へのこだわり：工事前のイメージトレーニング、安全確認、工事後の徹底チェック

撮影協力：株式会社 エフオン白河 大信発電所

有限会社 オカザキ電設

岡崎　翔 おかざき しょう

自然の中で
先端技術を支える
エンジニア

木質チップを燃料としたバイオマス発電所で電気工事を担当

岡崎　翔
Syo OKAZAKI

★1983年12月生まれ　★福島県白河市在住　★血液型：A型　★趣味：釣り、ゴルフ、DIY　★好きな食べ物：焼肉　★好きな色：青　★仕事へのこだわり：お客さまと打ち合わせの際に、施工後のイメージをわかりやすく伝えるよう努め、施工後とのギャップをなくす

木質チップを燃料としたバイオマス発電所の電気工事に携わった岡崎さん。「各所に高温の危険箇所があって、工事には細心の注意を払わなければなりません」と話します。

大学では建築を専攻。「図面を見る、描くことは得意」という岡崎さんは、東京の会社に就職後、20代半ばにUターンして、家業の電気工事会社を継ぐ立場として、現在の職に就いています。

岡崎さんの会社は、自然の豊かな福島県の山里にあります。バイオマス発電所も、車で10分の距離。「森林の恵みを生かした先端発電技術を支える仕事ができるのも、ここで仕事をしているからこそ」といいます。

のどかな山里の風景に、優しい笑顔がよく似合う岡崎さん。すぐ近くには、釣りスポットがあり、オフには趣味のフィッシングを楽しんでいるそうです。

周辺には釣りスポットがたくさん。オフにはフィッシングを堪能

寡黙な中に光る
職人の技

丸一電設工業 有限会社

安保 公博 あぼ きみひろ

帰宅すると、職人からマイホームパパの顔に

こだわりの愛車
「ホンダ CB750FOUR」

港町・尾道（おのみち）の一角にある建築中の住宅で、昔ながらの職人のように、手際よく、黙々と仕事をこなす安保さん。実際にお話をすると、静かながらも、その表情や言葉遣いから、誰からも好かれ頼られる、穏やかで優しい人柄が感じられます。

それもそのはず、ご家庭では家族思いの優しいマイホームパパで、大の動物好き。安保さんが帰宅すると、愛犬が駆け寄ってきて、そばを離れません。趣味のバイクは、家族の心配を考慮して、今は控えているとか。

仕事は住宅の施工を任されることが多く、家の中の配線や照明、コンセント、スイッチなどの取り付け工事を行っています。

温かいマイホームを夢見て家を新築するお客さまの思いをしっかりと受け止め、確かな技術で応える。素敵なマイホームを築いている安保さんにとって、天職なのでしょう。

安保 公博

Kimihiro ABO

★ 1978年12月生まれ　★広島県尾道市在住　★血液型：O型　★趣味：バイク、釣り　★好きな食べ物：焼肉、ラーメン　★好きな色：青　★仕事へのこだわり：他業種の方としっかり話すように心がける、無事故、無災害で頑張る

竣工したばかりの建物の前で。公共施設を担当することが多い

撮影協力／高知市土佐山へき地診療所

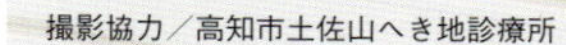

ハサミの魔術士から
ペンチの業師（わざし）へ

有限会社 伸和電業

溝渕 晃平 みぞぶち こうへい

溝渕 晃平
Kohei MIZOBUCHI

★1988年1月生まれ　★高知県在住　★血液型：O型　★趣味：フットサル　★好きな食べ物：和食　★好きな色：赤　★仕事へのこだわり：安全第一！　一人前の職人になること

自分で配線した電線を、離れた場所から細部までじっと見ている溝渕さん。納得できる美しい流れになるように、配線を調整しているのです。

端正な顔立ちの溝渕さんは、前職は東京・渋谷の有名美容室で、カリスマ美容師を目ざしていたというユニークな経歴の持ち主。地元・高知に戻ってから、電気工事士へと転身しました。

髪を触る美容師と電線を触る電工。同じ手先の作業でも、電気工事はミスによって、人が命の危険にさらされることもあります。

「美しさの中にも、確実な施工を行わなければならない」。その責任の重さを溝渕さんは肌で感じ、もっと高い技術を身につけたいと意欲的です。「技術が身につくと、仕事はますます楽しくなるんです」

さらなる高みを目指す姿に、強い職人魂を感じます。

地元の名手・坂本龍馬のように志を高く

スマートに仕事をこなす
北の大地のダンディ

大伸電設 株式会社

宮本 朋行 みやもと ともゆき

車を少し走らせ、室蘭・トッカリショ浜へ

ダンディな佇まいの宮本さん。以前は設備会社に勤務されていたそうで、縁あって、地元・室蘭の電気工事会社に転職されたとのこと。

現在は、電気工事の案件を管理することがメインの仕事。たくさんの関係者との交渉もあり、なるほど、社交的な雰囲気がするわけです。

広い北海道では、公共工事が多く、事前に工事金額を調べて提示する、「見積」の仕事が忙しいとのこと。特に寒冷地の電気設備は、時に命にもかかわる重要な設備なので、仕事にも気合が入るといいます。

趣味のゴルフの腕前は、かなりのもの。北海道の広大なコースを、気の置けない仲間とまわる爽快感は格別なのだそう。

仕事と趣味のどちらにも全力を注ぐことができる北の大地で、スマートに仕事をこなすジェントルマンです。

宮本 朋行

Tomoyuki MIYAMOTO

★ 1979 年 2 月生まれ　★北海道室蘭市在住　★血液型：O型　★趣味：ゴルフ　★好きな食べ物：室蘭やきとり　★好きな色：黒と赤以外　★仕事へのこだわり：お客さま満足度120% !!

仕事も趣味も全力で

俊敏な動きで現場を飛び回る！

三重電機設備 株式会社

中出 達暉 ながで たつき

撮影協力：あさひテクノ三雲ソーラー発電所

水上ソーラー発電所で電気工事を担当

「まるで忍者みたい！」

水上ソーラー発電所で、水に浮かんだ足場の上を身軽に移動する中出さんを見て、そう思いました。

電気工事を担当した中出さんは、「水の上での配線作業なので、常に緊張感をもって、安全に気をつけていました」と話します。

中出さんは、空調の仕事をしていた父親の姿を見て、「自分も何か技術を身につけたい」と、18歳のとき、電気工事会社に就職しました。

見習いとして仕事をするうちに、「街の灯（あか）りを見て、みんなの暮らしを支えている重要な仕事だとわかりました」といいます。

仕事は、工場や公共施設のほか、無線基地局の電気工事を担当することも多いとか。

「まだまだ勉強中。先輩たちに仕事を教わりながら、たくさん資格も取りたい」と意欲をみせていました。

中出 達暉

Tatsuki NAKADE

★ 1995年11月生まれ　★三重県松阪市在住　★血液型：O型　★趣味：車、釣り　★好きな食べ物：焼肉、魚　★好きな色：白　★仕事へのこだわり：正確に手際よく安全に作業を行うこと。挨拶を忘れず礼儀正しくすること

地元の観光名所、松坂城でひと休み

誰からも信頼される
施工管理の達人

不二電気工事 株式会社
荒金 英樹 あらがね ひでき

真面目な人柄で、お客さまからの信頼は絶大

兵庫県尼崎市を拠点に、電気設備工事や空調設備工事の施工管理の仕事をしている荒金さん。仕事に就いて9年目。学校など公共施設を数多く担当し、「お客さまからは、担当は荒金で、という要望が多い」（荒金さんの上司）そうです。

「現場ごとに条件や環境が違うので、仕事に携わる方々とのコミュニケーションが重要です」と話す荒金さん。

公共施設内の太陽光発電設備の設置工事では「施設の営業時間中での工事なので、利用される方にご迷惑が掛からないよう注意しました」とのこと。そのため事前に利用者の利用時間と工事の工程を検討して調整、音の出る作業で迷惑をかけないように細心の注意を払ったそうです。

「断らない」が信条だという荒金さん。電気工事の現場から引っ張り凧の施工管理の達人です。

荒金 英樹

Hideki ARAGANE

★ 1983年10月生まれ ★兵庫県在住 ★血液型：A型 ★趣味：DVD鑑賞 ★好きな食べ物：焼きそば ★好きな色：黒 ★仕事へのこだわり：断らない

会社近くの公園でリラックス

九州電設 株式会社

小笠原 旬平　おがさわら じゅんぺい

腕も確かな

V(ヴィジュアル)系

会社の倉庫で真剣に練習

電工になって3年の小笠原さんは、仕事の腕も伸び盛り。腕自慢の競技大会に向けた練習にも熱が入ります。

高校の先輩の紹介で入った電気工事会社の仕事も楽しいといいます。面白い先輩たちも、仕事となれば厳しいこともありますが、小笠原さんを見守る視線は、どこかいつも優しいのです。

音楽と読書が好きな小笠原さん。福岡の「海の中道海浜公園」で開催されたライブも見に行ったとか。「九州新幹線でさっとですよ」と笑います。ライブに行くのは友人と、そして時にはお父さんと一緒に。

暑い熊本の夏の中なのに、小笠原さんはいたってクール。その涼やかな眼差しは好きなV系バンドと重なります。でも実際に仕事になると、熱く自信に満ちた表情に。将来が楽しみな期待のホープです。

小笠原 旬平
Junpei OGASAWARA

★1995年6月生まれ ★熊本市在住 ★血液型：A型 ★趣味：読書、ライブ観戦(音楽) ★好きな食べ物：焼肉 ★好きな色：黄色 ★仕事へのこだわり：他業種の職人さんとコミュニケーションを取り、円滑に作業を進める

オフは体を休め、音楽や読書を静かに楽しむ

電工男子の身だしなみ！

作業服コレクション

作業しやすい機能性と清潔感。
会社によって色とりどり。

高いところは大の苦手。だけど腰道具を付けたらスイッチが入る

株式会社 関電工

作田 修一　さくた しゅういち

後輩にも先輩にも
頼りにされる
職人＝プロフェッショナル

現場研修で新人の指導にもあたる。仕事でもプライベートでも気さくに相談にのってくれる面倒見のよい先輩だ

「もともと人見知りで内気な性格だったけれど、この仕事に就いてから叩き上げられました（笑）」

落ち着いた語り口、ときおりのぞく笑顔に、場の空気がフワっと和みます。仕事でいつも心がけているのは仲間とのコミュニケーション。緊張感みなぎる現場ではちょっとした連携ミスが事故につながることも。真剣に作業に取り組みつつ、ギスギスしないよう周りに声をかけます。

入社して11年目。責任ある立場となり、仕事への向き合い方も変わったといいます。電気工事士という仕事を通して、職人としても、人間としても成長できたという作田さん。

「職人＝プロフェッショナル、自分の仕事にプライドと責任感をもっている人。後輩にも先輩にも頼りにされる職人になりたいです」

（128ページのインタビュー参照）

作田 修一

Syuichi SAKUTA

★1987年9月生まれ　★東京都在住　★趣味：フットサル、ボルタリング、映画鑑賞　★好きな食べ物：イタリア料理　★好きな色：青、白　★仕事へのこだわり：安全を第一に考え、雰囲気の良い職場を作る

配電設備を守る

フレッシュ電工マン

株式会社 トーエネック

守屋 彪斗 もりや ひのと（左）

山﨑 広登 やまざき ひろと（右）

街で見かける電柱や配電線。これらの配電設備によって、電気は私たちの家庭や職場まで届けられています。こうした設備を新設したり、メンテナンスをする、配電設備工事の仕事に携わっているのが、守屋さんと山﨑さんです。

入社2年目の二人。教育センターでの新人研修を終了し、配属先の現場で、先輩たちから技術を学びながら仕事をしています。

「先輩方に負けない技術者になる」（守屋さん）

「一日でも早く一人前の電工マンになる」（山﨑さん）

電気というライフラインを守る仕事に意欲的な二人。今後さらなる活躍が期待される若き電工マンです。

守屋 彪斗（左）★ 1996年10月生まれ ★長野県岡谷市在住 ★血液型：B型 ★趣味：スノーボード ★好きな食べ物：果物 ★好きな色：青 ★仕事へのこだわり：安全に作業すること

山﨑 広登（右）★1996年11月生まれ ★静岡県掛川市在住 ★血液型：B型 ★趣味：マンガ、映画鑑賞 ★好きな食べ物：カレー、焼肉 ★好きな色：黒、白 ★仕事へのこだわり：自ら積極的に行動すること

訓練用の電柱が並ぶ、トーエネック教育センター。入社1年目の新人は、ここで配電工事の技術を学ぶ

株式会社 きんでん

島瀬 竜次 しませ りゅうじ

世界一の技を伝授する

熱き指導者

技能五輪国際大会で金メダルに輝いた技を見せる

2015年8月にブラジル・サンパウロで開催された第43回技能五輪国際大会の情報ネットワーク施工職種に日本代表として出場し、見事に金メダルを獲得した島瀬さん。現在は会社の教育施設で、後輩たちの競技指導に当たっています。

実際に競技のお手本を見せながら、一つ一つの作業を、わかりやすくていねいに説明する島瀬さん。

光ファイバーを、決められた時間内に、何本接続することができるかを競うスピード競技では、瞬時に被覆の色を識別して、正確に接続していきます。

その手さばきの速さは、何の作業をしているのか、わからないほど。しかも正確で美しい仕上がりです。

今後の技能五輪国際大会に向け、「選手で金！　指導員で金！」と意気込む島瀬さん。世界一の技を伝授する、熱き指導者です。

趣味のゴルフの技も磨く

島瀬 竜次
Ryuji SHIMASE

★ 1992 年 12 月生まれ　★大阪府在住　★血液型：O 型　★趣味：ゴルフ、ボウリング、野球観戦　★好きな食べ物：刺身（平目、鯛）★好きな色：白　★仕事へのこだわり：作業に応じてわかりやすく説明する。自分の経験を伝える

職場の近く、兵庫県
西宮市の今津灯台にて

★ 1992年6月生まれ　★大阪府在住　★血液型：A型　★趣味：スノーボード、ゴルフ、プラモデル作り　★好きな食べ物：ラーメン、オムライス、親子丼　★好きな色：赤　★仕事へのこだわり：人それぞれ受け取り方が違うので、誰が聞いてもわかりやすく説明すること

教える＆磨く電工の技

株式会社 きんでん

中井 雅浩　なかい まさひろ

「ものづくりが好きで、建設業に興味ありました」と中井さん。特に生活に欠かせない電気に携わる仕事がしたくて、電気工事会社に入社を決めたそう。技能五輪全国大会の電工職種で銅メダルに輝いた実績をもち、現在は、後輩たちへの競技指導にあたる日々。「選手全員の入賞」を目標に掲げ、自らのスキル向上にも余念がない強い職人魂の持ち主です。

株式会社 九電工

瀬戸 一輝　せと かずき

２０１５年ブラジルで開催された第43回技能五輪国際大会の電工職種で、銅メダルを受賞した瀬戸さん。当日は見たことがない器具が出たりと苦しみながらも、技術大国日本の力を国際舞台で見せたのです。

現在は現場に立ち、「東京オリンピック関連工事に携わり、一人前の職人になる」ことが目標。培った技能を実践の場で発揮するエースです。

日本を代表する電工エース

★1993年4月生まれ　★埼玉県在住　★血液型：O型　★趣味：ドライブ、DVD鑑賞、スノーボード　★好きな食べ物：焼き鳥　★好きな色：赤　★仕事へのこだわり：自分に厳しく、他人に優しく

さまざまな現場で
技を磨く若きホープ

株式会社 九電工

田中　健　たなか たける（左）

中山 凌斗　なかやま りょうと（右）

大都会・東京の現場で経験を積む

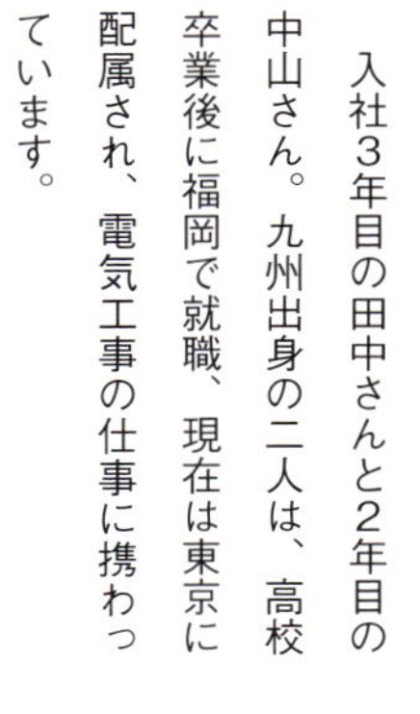

入社3年目の田中さんと2年目の中山さん。九州出身の二人は、高校卒業後に福岡で就職、現在は東京に配属され、電気工事の仕事に携わっています。

「東京でいろんなことを学び、地元に貢献できるようになりたい」（田中さん）。「東京の工事はスケールが大きく、種類も多いので成長できる」（中山さん）

マンション、病院、倉庫、データセンター、大型公共施設……。大都会・東京で、様々な現場を経験しながら、電工の技を磨く二人。

「先輩たちの技術を吸収して自分の腕を上げ、いつか大きな現場をやってみたい」と、高い目標を掲げる二人に、周囲からも大きな期待が寄せられています。現在から未来へと電気工事の現場を担っていく、若きホープです。

休日もショッピングに出かけたり、趣味に没頭したり、アクティブな二人

田中　健（左）★ 1995 年 4 月生まれ ★福岡県出身、埼玉県在住　★血液型：O 型　★趣味：マンガ　★好きな食べ物：ラーメン　★好きな色：赤　★仕事へのこだわり：コミュニケーションを取り、効率よく作業をする

中山 凌斗（右）★ 1997 年 3 月生まれ ★佐賀県出身、埼玉県在住　★血液型：A 型　★趣味：バスケット、釣り　★好きな食べ物：オムライス　★好きな色：青　★仕事へのこだわり：少しでも班の力になる

人・モノ・お金を
マネジメントする
現場代理人を目ざして

六興電気 株式会社
吉岡 裕喜 よしおか ゆうき

現場に出る前にヘルメットを着けると、ぐっと気持ちが引き締まる

休日は趣味の草野球や写真撮影でリフレッシュ。仕事と遊び、オン・オフの切り替えはきっちりつける

大学の電気電子工学科卒で、入社2年目で都心の一等地に建つハイグレードマンションの施工管理を担当。サブ現場代理人として、材料の発注から施工のスケジュール管理、品質チェックなどの業務を行っている吉岡さん。

「現場は一人で担当できるくらいに、隅々まで把握しておくことが大事。お客さまから信頼される現場代理人になるために、その責任感とプレッシャーは半端ない」といいます。

2020年の東京オリンピックに向けて、電気工事業界は繁忙（はんぼう）のピークへ。ひと足先に社会に出て、仕事もプライベートも充実した日々を送っている吉岡さんは、電気を学ぶ後輩たちにもエールを贈ります。

「ちょうど今の高校生や大学生が卒業してこの仕事に就けば、いきなり主役になれる。オリンピックに携わる仕事ができるかもしれないって、すごいことですよね！」

（130ページのインタビュー参照）

吉岡 裕喜
Yuki YOSHIOKA

★1992年10月生まれ　★神奈川県在住　★血液型：O型　★趣味：野球観戦、旅行、カメラ　★好きな食べ物：ラーメン　★好きな色：青　★仕事へのこだわり：工程管理をきちんと行い、無事故無災害を目ざして頑張っていく

人とのつながりを大切に より良い施工を

日本電設工業 株式会社

植木 崇氏 うえき たかし

施工管理の業務に就く植木さん。「この仕事は、人と人とのつながりがとても重要」といいます。

工事を行う職人さんや他業種の方々とこまめにコミュニケーションを取り、スムーズに作業を進められるように心がけているそうです。

今日も、現場で多くの方々とともに「建物」という一つの作品を作り上げています。

★ 1988 年 10 月生まれ ★東京都在住 ★血液型：AB 型 ★趣味：サッカー、フットサル、スポーツ観戦 ★好きな食べ物：焼肉 ★好きな色：黄色 ★仕事へのこだわり：知識の向上、人とのつながりを大切にしてより良い施工をする

住友電設 株式会社

河野 淳平　かわの じゅんぺい
河野 綾子　かわの あやこ

電気工事の施工管理の仕事をしている淳平さんと、情報通信系の施工管理の仕事をしている綾子さん。お二人は同じ会社に勤務するご夫婦。社内結婚の中でも、お互いが技術系というカップルは珍しいそうです。

二人が並ぶと、まわりは終始和やかな雰囲気に包まれます。ともに現場を支えるエンジニアとして活躍されている、ステキなカップルです。

電気がつなぐ ナイスカップル

電工男子のこだわり！

腰道具

これに憧れて、
電工になった人もいるほど。
人によって千差万別です。

島根電工 株式会社

泉谷 祐真 いずみたに ゆうま

日本一に輝くプロの技

撮影協力：全日本電気工事業工業組合連合会

★ 1991年6月生まれ ★島根県出雲市在住 ★血液型：O型 ★趣味：グルメ（店巡り） ★好きな食べ物：新鮮な日本海の魚 ★好きな色：オレンジ ★仕事へのこだわり：先を読んで先手を打ち、タイミングを逃さないこと。お客さまに感動と笑顔をお届けすること

2014年11月開催の第1回電気工事技能競技全国大会に中国ブロック代表（所属工組・島根県）として出場、見事に金賞に輝いた泉谷さん。技能競技ではHEMSなど最新技術を取り入れた課題に果敢に取り組み、学科競技と合わせ、全国各ブロック選出の出場選手30名の中で最優秀の成績を収めました。

日本一の技を携え、地元・島根を拠点に各地の現場で活躍しています。

拓新電気 株式会社

林　拓磨　はやし たくま

礼儀正しい ナイスガイ

お客さまの期待に応えるべく、現場を飛び回っている林さん。「礼儀正しく」「正確な仕事を！」がモットー。趣味のフリークライミングで体を鍛え、大型スクーターも乗りこなす。休日はお子さんとアウトドアを楽しんでいるそうです。

★ 1974 年 9 月生まれ　★東京都在住　★血液型：O型　★趣味：フリークライミング　★好きな食べ物：甘い物　★好きな色：緑　★仕事へのこだわり：正確な仕事を！ 安全第一

グローテック

間定 明良　まさだ あきら

コミュニケーションの達人

誰とでもすぐに打ち解けて話ができる、社交的な間定さん。お客さまとの会話はもちろん、現場で周りとのコミュニケーションが重要な電気工事の仕事は、間定さんにとって天職。スレンダーで筋肉質の立ち姿は、アスリートのようです。

★ 1980 年 3 月生まれ　★大阪府在住　★血液型：O 型　★趣味：オートバイ、フットサル　★好きな食べ物：焼肉、梨　★好きな色：オレンジ　★仕事へのこだわり：周りの人にも、モノにも、愛情をもって仕事をすること

山岸電設 有限会社

山岸 孝治 やまぎし こうじ

新しいことに
チャレンジ

電気工事会社の専務を務める山岸さん。仕事は住宅の工事がメインで、HEMS など最新設備の工事も増えているそうです。「新しいことにもっと挑戦し、会社を拡大したい」と意欲的。休日は娘さんとデートするという優しいパパです。

★ 1987 年 11 月生まれ ★千葉県四街道市在住 ★血液型：B 型 ★趣味：ゴルフ、娘とデート ★好きな食べ物：鶏肉ならなんでも ★好きな色：ネイビー ★仕事へのこだわり：丁寧かつスピーディー

株式会社 アイテク

北形 信也 きたかた しんや

業界で活躍する
電工社長

普段はスーツ姿で仕事をすることも多いという北形さん。電気設備工事のほか、制御盤の設計製作などを行う会社の社長を務めています。さらに群馬県の若手電気工事業経営者の中で、リーダーとして業界を活性化する活躍をされています。

★ 1971 年 10 月生まれ ★群馬県高崎市在住 ★血液型：B 型 ★趣味：旅行 ★好きな食べ物：熟成肉、ラーメン ★好きな色：白、黒 ★仕事へのこだわり：まずはやってみる。できる方法を考える

株式会社 鈴一電気

鈴木 健太 すずき けんた

さわやかな笑顔で現場を元気に！

父親の電気工事会社で、RC造の現場をメインに仕事をする鈴木さん。次世代の期待の星として、周囲から熱い視線を浴びています。そして何よりさわやかな笑顔が、現場の雰囲気を和ませます。「誰にでも頼られる存在」になることが目標。

★1990年1月生まれ ★埼玉県さいたま市在住 ★血液型：O型 ★趣味：家族と出かけること ★好きな食べ物：ステーキ、ハンバーグ ★好きな色：黒 ★仕事へのこだわり：焦らず急いで丁寧に

株式会社 弘陽電設

井上 拓紀 いのうえ ひろき

社員ともに成長する電工社長

電気工事会社の社長として、様々な取組みを行っている井上さん。若い人を積極的に採用し、タブレットを活用して工事をより効率化したり。若い感性を生かして「電気工事のスペシャリスト集団を構築すること」を目ざしています。

★1985年12月生まれ ★神奈川県厚木市在住 ★血液型：O型 ★趣味：登山、渓流釣り ★好きな食べ物：ラーメン、寿司、焼肉 ★好きな色：赤 ★仕事へのこだわり：お客さまの満足できる仕事を提供する

不二電気工事 株式会社
田近　篤　たじか あつし

組織をまとめるスペシャリスト

営業、現場管理、社内運営管理など、工事部長として様々な仕事をこなす田近さん。会社は電気工事業のほかメンテナンス事業など幅広い事業を手掛け、部下たちが効率よく仕事を進められるように目を配ります。時には現場に立つことも。

★1976年10月生まれ　★兵庫県尼崎市在住　★血液型：A型　★趣味：ゴルフ、ジョギング　★好きな食べ物：ラーメン　★好きな色：グレー　★仕事へのこだわり：向上心、風を読むこと

株式会社 ワイズ電気
本多　葵　ほんだ あおい

真面目さが光る電工男子

「友達に誘われて、電気工事の仕事を始めました」という本多さん。積極的に多くの資格を取得し、現在は主任という責任ある立場で仕事をしています。
「お客さまのニーズに応える仕事をして、満足していいただく」がモットー。

★1991年4月生まれ　★東京都在住　★血液型：B型　★趣味：スポーツ観戦、マンガ、サッカー　★好きな食べ物：すき焼き、しゃぶしゃぶ　★好きな色：青　★仕事へのこだわり：ミスなく確実にきれいな仕事

強い責任感の若き電工社長

有限会社 サイトー電設

斎藤 孝浩 さいとう たかひろ

父親の電気工事会社を引き継ぎ、社長としても手腕を発揮している斎藤さん。「自分のことだけでなく、会社、従業員、家族を支えていくという責任感をもってがんばっていきたい」といいます。その姿勢はどこまでもまっすぐです。

★1985年12月生まれ ★熊本県玉名市在住 ★血液型：B型 ★趣味：読書 ★好きな食べ物：ラーメン、甘い物 ★好きな色：黄色 ★仕事へのこだわり：お客さまに満足してもらえることを第一に考える

有限会社 野添電設

野添 公広 のぞえ きみひろ

仕事は楽しく元気に！

父親と同じ電気工事士の仕事を選んだ野添さん。「照明が点灯すると、お客さまが笑顔になる。そういう仕事ができて誇りに思います」といいます。野添さんの明るくて人当たりがよい人柄に、お客さまからも厚い信頼が寄せられています。

★ 1978 年 2 月生まれ ★熊本県玉名郡長洲町在住 ★血液型：O 型 ★趣味：映画鑑賞 ★好きな食べ物：ハンバーグ ★好きな色：青 ★仕事へのこだわり：「仕事は楽しく」をモットーに現場に立つ

子供に誇れる仕事を

大鎌電気 株式会社
柴田 康行 しばた やすゆき

　高校の電気科を卒業し、この仕事に入った柴田さん。責任感が強く真面目で、安心して仕事を任せられると上司から高い評価を得ています。

　仕事を離れれば、家族を大事にするマイホームパパ。「これからも子どもに誇れる仕事をしていきたいですね！」

★1983年5月生まれ　★北海道函館市在住　★血液型：O型　★趣味：ドライブ　★好きな食べ物：焼肉　★好きな色：黒　★仕事へのこだわり：品質確保を第一に考え、センスのある施工

街の“頼れる存在”として

★1978年11月2生まれ　★富山県小矢部市在住　★血液型：O型　★趣味：サッカー、釣り　★好きな食べ物：ハンバーグ、アイスクリーム　★好きな色：青　★仕事へのこだわり：お客さまのライフスタイルや生活動線を考えた電気設備を提供すること

ワシデン工業 株式会社
鷲　司 わし つかさ

　常に前向きな姿勢で社員やお客さまに頼りにされている、まさに〝会社の顔〟の鷲さん。「電気工事は知識、技術、経験を必要とする仕事。地域の方々から信頼され、感謝いただける仕事ができるよう貢献したいです」と、熱い思いをもって仕事をしています。

施主さんとの会話を大事に

左納電気商会
左納 資之 さのう もとゆき

「父の背中を追って跡を継いだのは、自然な流れだった」と左納さん。「常にお施主さんを第一に、お施主さんの理想とされる住まい作りを心がけている」そうです。そのための関連資格取得の勉強も仕事と並行して継続中。休日は、「家族と過ごす時間を大切にしています」

★1978年8月生まれ ★兵庫県神崎郡在住 ★血液型：A型 ★趣味：バスケットボール、スキー、ゴルフ、マンガ ★好きな食べ物：中華料理 ★好きな色：蛍光イエロー ★仕事へのこだわり：施主さんが満足できるクレームのない完璧な仕事

電気の最前線にいる意識で

松岡電機工業 株式会社
森田 和馬 もりた かずま

★1996年2月生まれ ★愛知県名古屋市在住 ★血液型：A型
★趣味：筋トレ、ドライブ、ビートボックス、スポーツ全般
★好きな食べ物：焼肉、スイーツ、和食 ★好きな色：青
★仕事へのこだわり：作業がスムーズに進行するよう、作業環境の準備にあたる

父親の手伝いをしたときに感じた喜びからこの仕事に就いた森田さん。「生活のあらゆることを電気が支えています。時代の最前線に立っている誇りをもって日々の作業にあたっています」

寡黙で真面目な一方、ビートボックスが趣味という意外な一面も。

常にお客さまの目線で

丸一電設工業 有限会社

山本 慎也 やまもと しんや

★ 1978年11月生まれ ★広島県尾道市在住 ★血液型：B型 ★趣味：サイクリング、釣り ★好きな食べ物：ラーメン・タマゴ料理 ★好きな色：チェレステ（ビアンキ（自転車ブランド）の色）★仕事へのこだわり：一緒に働いている会社のスタッフを幸せにすること

工務と営業を担当している山本さん。この仕事を始めたきっかけは、「街（まち）と人を明るくしたいから」。お客さまとの打ち合わせでも、常にお客さま目線を忘れません。

じっとしているのが苦手で、休日はもっぱらアウトドア。サイクリングと釣りを楽しんでいます。

Column

■電工男子ってどこにいるの？

他の職業に比べて、見かけることの少ない電工男子。普段はどんなところにいるのでしょう。

多いのが建築工事の現場の中。建築工事の現場は、安全のため、「仮囲い」と呼ばれる鋼板などでできた板で囲んであります。このように、一般の方が入れないようにしてあるので、中で作業する電工男子を見る機会は、少ないのかもしれません。

住宅、ビル、工場、商業施設など、電気のあるところはすべて、電工男子が活躍する場所です。

電気工事のイメージにある「電柱に登って作業を行う」人は、あまり多くありません。これは「外線工事」といいますが、むしろ建物内の「内線工事」を行う人のほうが、電工男子全体の割合でみると多いようです。

■電工男子の見分け方

作業服に腰道具を付けている人は他業種の職人さんにもいますが、ひと目で電工男子とわかる特徴があります。

まず、ペンチとドライバーが必須（126ページ参照）。これが腰道具にあれば、かなりの確率で電工男子といえるでしょう。

chapter 2

キラリ輝く！電工女子

Denko Joshi

未来に羽ばたく 電工女子（ヒロイン）たち

株式会社 関電工

左から

橘　美沙 たちばな みさ

小井田 佳緒梨 こいだ かおり

阿部 友海 あべ ともみ

湯山 菜奈子 ゆやま ななこ

遠藤 あかね えんどう あかね

電工女子

左から

橘　美沙 ★趣味：音楽鑑賞、ゲーム ★好きな食べ物：チョコレート ★仕事へのこだわり：仕事を早く覚えるため、話をしっかり聞いてメモを執る

小井田 佳緒梨 ★趣味：音楽鑑賞、ライブ鑑賞 ★好きな食べ物：アイス ★仕事へのこだわり：落ち着いて仕事に取り組む

阿部 友海 ★趣味：読書 ★仕事へのこだわり：ケガをしないように注意する

湯山 菜奈子 ★趣味：映画鑑賞 ★好きな食べ物：板チョコレート ★仕事へのこだわり：情報伝達をしっかり行い、確認作業を常に心がけ作業しやすい環境をつくる

遠藤 あかね ★趣味：燻製作り ★仕事へのこだわり：笑顔を心がける

電気工事の現場で作業を行う職人として新人研修中の橘さん、阿部さん。施工管理を行う技術者として新人研修中の小井田さん、湯山さん。現場で施工管理の仕事をしている入社4年目の遠藤さん。5名の電工女子が勢ぞろいしました。皆それぞれ、高い技術を身に付けようと、日々、研鑽を積んでいます。電気工事業の未来を担うヒロインたちです。

橋本電気 株式会社

木谷 明里 きたに あかり

現場で活躍
伸び盛りの電工女子

電気工事士として活躍する姿を夢見て、職業能力開発センターで技術を学んだという木谷さん。現在は電気工事会社に就職して2年目、現場で仕事をしています。

「様々な現場で経験を積んで、幅広い知識をもった電気工事士として、いろんな場面で活躍していきたいです」。さらなるスキルアップに意欲をみせる、伸び盛りの電工女子です。

★血液型：AB型 ★趣味：ダンス、旅行 ★好きな食べ物：餃子、チョコレート ★好きな色：白 ★仕事へのこだわり：常に前向きで仕事に取り組むこと。挨拶をすること。周りの方とコミュニケーションを取ること

東京都立城南職業能力開発センター

陳　美里　ちん みさと

現場を支える技術者を目ざす

大学の文系学部を卒業後、電気工事の仕事に就くため、職業能力開発センターで技術を学ぶ陳さん。将来は施工管理の仕事をするのが目標。

子供の頃から「ものづくり」が好きで、時計や玩具(おもちゃ)を分解して遊んでいるうちに、電気配線に興味をもったそう。現在は第一種電気工事士の試験合格を目ざして勉強中。将来の活躍が期待される電工女子です。

★血液型：O型　★趣味：筋トレ　★好きな食べ物：和食　★好きな色：白　★仕事の目標：大規模施設の施工管理の仕事に就くこと

株式会社 雄電社

宮川 恵美　みやがわ めぐみ（右）
竹脇 千里　たけわき ちさと（左）

第一線で活躍する現場代理人

マンションなど電気設備工事の現場代理人として、第一線で活躍している宮川さんと竹脇さん。「一つとして同じ現場はないので、日々勉強して努力しています」（宮川さん）。「作業員の方が快適に作業ができるよう、現場に多く足を運んでコミュニケーションを取っています」（竹脇さん）。仕事歴10年を超える二人は、現場を支える頼もしい存在です。

宮川 恵美 ★血液型：AB 型　★趣味：野球観戦　★好きな食べ物：焼肉、白米　★好きな色：緑　★仕事へのこだわり：コミュニケーションよく、手戻りのないよう仕事を進める

竹脇 千里 ★血液型：A 型　★趣味：カメラ、スキューバーダイビング　★好きな食べ物：トマト　★好きな色：青　★仕事へのこだわり：作業員の方が楽しいと思って作業してもらえるよう、現場に多く足を運んでコミュニケーションを取る

電工女子

六興電気 株式会社

須田 明奈　すだ あきな

現場を明るく照らす笑顔の達人

大学では電気を専攻、「先輩の話を聞いて電気工事業に興味をもち、施工管理の仕事を選びました」という須田さん。

「現場ではいつも笑顔を絶やさないようにしています」といいます。常に職人さんたちへの気配りを忘れません。「1級電気工事施工管理技士」の資格取得にも挑戦中で、さらなるキャリアアップを目ざしています。

★血液型：A型　★趣味：舞台観劇、お笑い観賞
★好きな食べ物：ラーメン
★好きな色：青、オレンジ
★仕事へのこだわり：できることを増やし、現場を円滑に進められるようになること

新潟県電気工事工業組合

新潟電工ガール

繊細な技で魅せる
アクティブ電工女子

「新潟電工ガール」は、新潟県で活躍している、ある女性電工さんのニックネーム。主に住宅、店舗関係の内線工事の仕事をしています。

「現場では他の職人の方々が親切に接してくださり、働きやすい職場」だといいます。また「仕事の日々の変化に対応することに大きなやりがいがある職業」と感じ、仕事に誇りをもって取り組んでいるそうです。

★血液型：A型　★趣味：ドライブ、仕事(笑)　★好きな食べ物：焼きそば　★好きな色：ピンク　★仕事へのこだわり：電気工事業という職業にプライドをもって臨んでいる

電工女子に聞きました！

アンケートの結果から 電工女子の素顔をチェック

趣味

ドライブ、映画鑑賞、カラオケ、舞台観劇、お笑い観賞、ダンス、旅行、筋トレ、野球観戦、カメラ、スキューバーダイビング、音楽鑑賞、ゲーム、ライブ鑑賞、読書、燻製作り、仕事、など

★電工女子の趣味は多種多様！　仕事もオフもアクティブです。

好きな食べ物

①チョコレート

ほかに、焼そば、いちご、ラーメン、餃子、和食、焼肉、白米、トマト、アイス、など

★甘い物の中でも、チョコレートがダントツ人気。ハードな仕事をこなす電工女子にとって、頭の回転をよくするためかもしれません

電気工事の仕事に就いたきっかけ

①先輩の話を聞いて、興味をもったから
①父が電気工事の仕事をしていたから

ほかに「ものづくり好き好きで電気工事に興味をもったから」「インターンシップで現場を見学して興味をもったから」「電気工事の仕事をしたかったから」「高校の先生にすすめられたから」など

★学校の先輩や父親など、実際にその仕事をしている人の姿を見て、将来の進路を決めるという、電工女子は堅実派の人が多いようです。

好きな男性のタイプ

①やさしくて、気くばりができる人
②しっかりしていて、頼りになる人
③明るくて、元気な人／家庭的な人

ほかに「笑顔がステキな人」「仕事ができる人」など

★電工女子は、異性への理想は高い？　かも。

好きな色

①青　②オレンジ／緑／黒

ほかに、ピンク、白、黄、など　★男女問わず、青は人気の色のようです。

chapter 3

もっと知りたい！電工男子

Denko Danshi

ウェルカム！電工男子への道

「電気工事士」は、ビルや住宅などの電気設備の工事を行うことができる、国家資格をもった技術者です。電気工事士になるにはどんな道のりがあるのか、その一例をフローチャートでチェック！

Case1 電気技術を身につけて

工業高等学校（工業高校）や高等専門学校（高専）の電気科などで、電気工学の基礎知識を身につけてから電気工事会社などに就職するコース。電気科の教科にはいろいろな実習があるほか、実際の仕事を体験するためにインターンシップ制度などがある場合も。また、在学中に「第二種電気工事士」などの資格を習得しておくと就職にも有利です。

Case2 知識＆経験ゼロからスタート

電気工事士になるには、必ずしも工業高校や高専などで専門知識を身につけてから就業するケースばかりではありません。高校の普通科などを卒業した後、電気工事会社に就職してから仕事を始めたという人も、かなり多くいます。

Case3 就職後にキャリアアップ

就職または他業種から転職した後、働きながら技能を身につけたり、必要に応じて資格を習得することもあります。この場合、会社や組合などの研修会などを活用して、資格取得に挑戦される人もいます。

電気工事会社の新人研修、昇柱（しょうちゅう）の実習

電気工事士になるまでの道のり

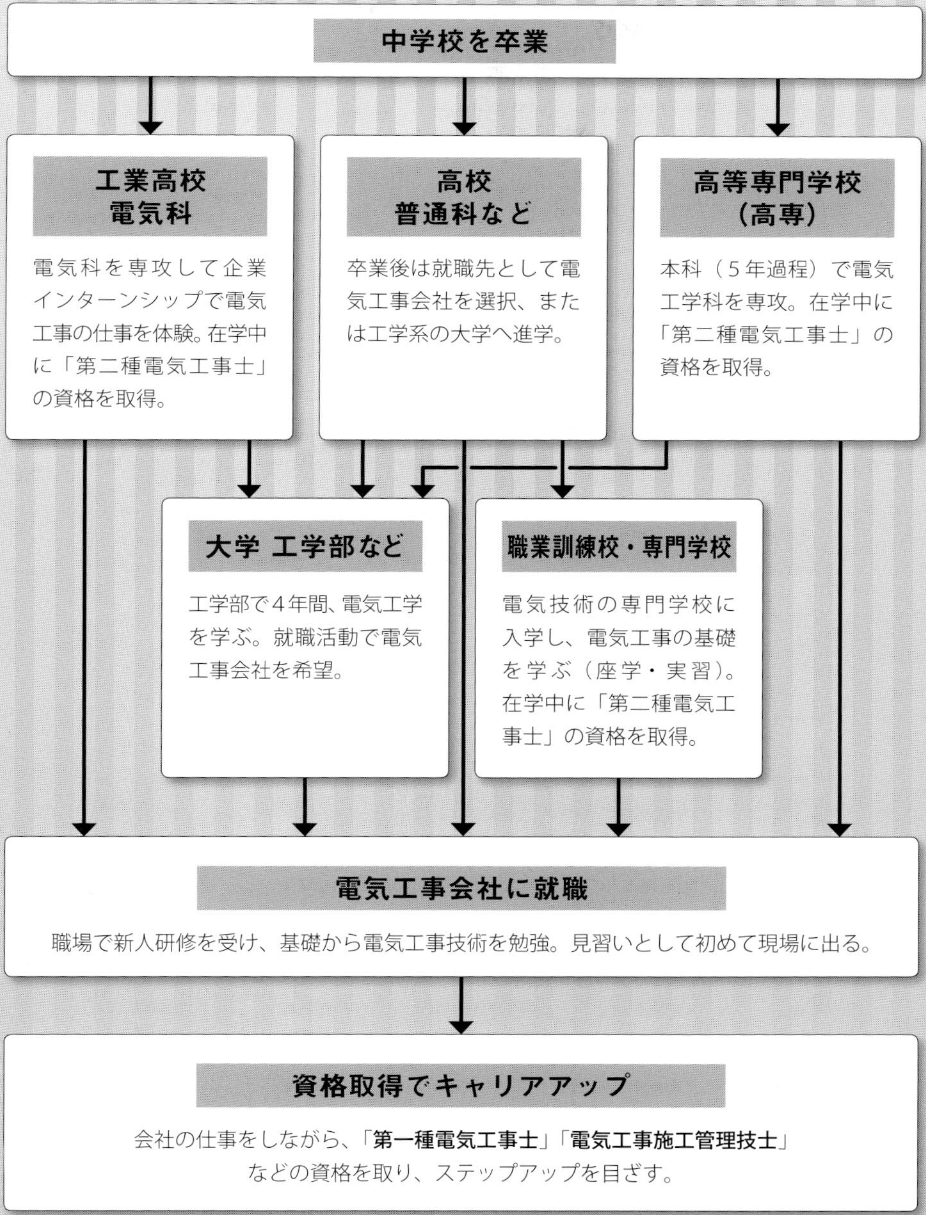

中学校を卒業

工業高校 電気科

電気科を専攻して企業インターンシップで電気工事の仕事を体験。在学中に「第二種電気工事士」の資格を取得。

高校 普通科など

卒業後は就職先として電気工事会社を選択、または工学系の大学へ進学。

高等専門学校（高専）

本科（5年過程）で電気工学科を専攻。在学中に「第二種電気工事士」の資格を取得。

大学 工学部など

工学部で4年間、電気工学を学ぶ。就職活動で電気工事会社を希望。

職業訓練校・専門学校

電気技術の専門学校に入学し、電気工事の基礎を学ぶ（座学・実習）。在学中に「第二種電気工事士」の資格を取得。

電気工事会社に就職

職場で新人研修を受け、基礎から電気工事技術を勉強。見習いとして初めて現場に出る。

資格取得でキャリアアップ

会社の仕事をしながら、**「第一種電気工事士」「電気工事施工管理技士」**などの資格を取り、ステップアップを目ざす。

電工男子のお仕事

「電気工事士」って何をするヒト？　現場ではどんな仕事をしているの？　どんな資格が必要？　電工男子の仕事内容について、Q＆A形式で簡単に紹介します。

Q　どんな資格が必要なの？

A　ビルや工場、一般住宅などの電気設備については、工事の内容によって、一定の国家資格をもった人でなければ工事を行ってはならないことが、法令で定められています。

一般住宅や小規模店舗などの工事では「第二種電気工事士」、工場やビル、大型マンションなどの工事では「第一種電気工事士」が必要になります。

Q　「電気工事」ってどんなもの？

A　電気工事は、工場やオフィスビル、一般住宅など、電気が必要な場所で行われる工事全般をいいます。電柱から電線を架空配線・接続して建物に入れたり、新しく建物を建てる際、屋内に電気配線や器具設置などを行うのが主な仕事です。

もし事故や停電などで電気が使えなくなると、私たちはとても不自由な生活を強いられます。このことからも、電気工事は社会に不可欠な重要な仕事といえるでしょう。

Q　現場ではどんな仕事をするの？

A　現場での仕事の内容は、大きく分けて「現場施工」と「施工管理」があります。

現場施工とは、実際に現場で材料や工具を使って電気工事を行うことをいいます。それぞれの現場で、どの場所にどんな工事をするのかを示す施工図に従って、正確な位置に器具を取り付けたり、配線を行ったりします。

また一定の規模以上の現場では、工事を管理する「施工管理」という仕事が必要になります。施工計画を立てたり、施工図の作成、品質・安全管理など、現場の監督をするのが主な役割で「現場代理人」と呼ばれます。

これらの作業や管理を行うのが、「電気工事」の仕事なのです。

配電盤の点検

また、一定規模以上の現場では「電気工事施工管理技士（1級・2級）」の資格者が必要です。これを取得すると、一定水準以上の施工技術者（現場代理人）と認定されます。

これらの他にも、ネオン工事や非常用発電装置の工事を行う「特殊電気工事資格者」、火災報知機の工事・整備などを行う「消防設備士」など、仕事内容に合わせて資格を取得します（↓詳しくは136ページ参照）。

Q 資格があれば、すぐに仕事ができるの？

A 「第二種電気工事士」の場合、受験資格がないので高校、高専、専門学校、大学などの在学中に試験を受けて取得することもできます。しかし、電気工事士の資格をもっているからといって、すぐに現場で仕事を任されるわけではありません。

実際の工事現場は、それぞれ規模も様式もさまざまで、それによって工事方法もまったく異なります。電気工事会社に入社し

電気工事士のおもな仕事内容

電気工事は、役割分担によって仕事の内容が異なります。
それらは大きく分けて次の4つがあります。

❶ 現場施工

工事現場に行き、実際に電線・ケーブルの配線や配管、照明機器などを設置する。電気工事士は、すべて施工図に従って正確に作業を行う。

❷ 施工管理

設計図書を基に施工計画や施工図を作成したり、工程・品質・安全管理など、施工の管理・監督を行う。通常は自分の手で施工作業は行わない。

❸ 設計

建物の設計図をもとに、電気設備の設置場所や配線ルートを決め、施工をする技術者にわかるように設計図書を作成する。

❹ 積算

電気設備の設計図から、工事に必要な設備・材料の数量、人件費などを計算し、どのくらいの工事費用がかかるかを算出する。

たら、まず見習いとして現場の仕事を一つ一つ覚えながら技術を磨き、キャリアアップを目ざします。

Q デスクワークも必要？

A もちろん、現場の作業だけでなく、デスクワークも重要な仕事です。パソコンを使って作業スケジュールや必要な資材を確認したり、施工図の作成・修正、いろいろな書類の作成などを行います。

パソコンでスケジュール管理などを行う。

さらに大きな工事になると、役割分担によって、デスクワーク中心の仕事をする人もいます。例えば、「設計」の仕事では、電気設備の設置場所や配線ルートを決めてCADで設計図を作成します。また、どのくらいの工事費用がかかるかを計算する「積算」の仕事などもあります。

Q 休みはきちんと取れるの？

A 一般的な電気工事会社の場合、現場に合わせてですが、日曜休みの週休一日制、もしくは土曜日休みも加えた週休二日制になります。休日には自分の趣味や友人との時間を楽しみ、リフレッシュして仕事に取り組むことができます。

また、現場の作業も1日のタイムスケジュールを現場の状況に合わせ決めています。昼休みのほか、午前と午後に決まった休憩時間が設けられるなど、仕事に集中できる環境が整えられています。

Q この仕事の魅力・やりがいは？

A 電気工事の仕事は、ただマニュアルどおりに簡単な作業をするものではありません。自分の力で確実に技術や技能を身につけ、国家資格をもった〝電気のスペシャリスト〟として、その能力を発揮することができるのが最大の魅力といえるでしょう。

もう一つの魅力は、目的のためにチームで働くということ。例えば、新しくビルを建てる場合は、現場監督や建設業者、土木工事業者など、いろいろな業種の人とも力を合わせて仕事をします。そうしたプロ意識の高い技能者と一緒に仕事ができて、チームで一丸となって仕事をやり遂げたときに、大きなやりがいを感じるという電気工事士も少なくありません。

社会のライフラインを支えるとともに、街のどこかに自分の仕事の跡を残すことができる。電気工事士は、そうしたやりがいのある仕事です。

電気工事士は こんなお仕事もやってます！

電気工事の仕事は、地球環境問題や情報ネットワークなどとも深い関わりをもっています。今後、より注目されるであろう新分野の仕事内容を紹介します。

エコなお仕事！再生可能エネルギーと地球温暖化対策

地球温暖化の原因とされるCO_2削減のために、電気工事業は大きな役割を果たしています。今まで使っていた電気設備をエネルギー消費の少ないLED照明やエコキュートに取り替える工事を行ったり、太陽光発電パネルを設置する仕事も急増しています。

これらの設備は、発電時に発生するCO_2を低く抑えることができるため、電気工事という仕事を通して、地球温暖化対策の一翼を担うことができます。

進化する情報ネットワークに対応

パソコンやスマートフォン、タブレット端末、ゲーム機のWi-Fi通信など、インターネットを使ってコミュニケーションをとることが当たり前になった現代。電気工事は、それらのインフラの構築にも重要な役割を果たしています。

一般家庭のLAN配線や、オフィスに多いOAフロア配線など、日々進化する情報ネットワークに対応するために、最新技術の習得が欠かせません。

「スマートコミュニティ」でエネルギーを有効活用

近年はエネルギーを賢く利用するために、地域全体で協力しあって電気を使う「スマートコミュニティ」という考え方が推進されています。

各家庭や企業での電気の使用量をリアルタイムに知るために、スマートメーターや、住宅やビルのエネルギー使用をコントロールするHEMS（ホーム エネルギー マネジメント システム）、BEMS（ビル エネルギー マネジメント システム）などの設置にも電気工事士がかかわります。

太陽光発電の設置風景

未来の家にも電気は必須！

目ざせ職長！仕事のキャリアアップ

電気工事士は、現場で仕事を覚えながら技術のレベルを上げて、キャリアをステップアップさせていきます。見習いから技術者のトップまで、どんなキャリアがあるのか見てみましょう。

現場施工のキャリア

Step1 見習い

新人のA君

現場で作業を手伝いながら仕事を覚えていく（電気工事士などの資格がない場合は、無資格でもできる仕事のみ）。施工図の読み方や工事の方法、工程などを理解し、必要な資格を習得することで、実際の現場施工ができるように準備をする。

Step2 技能者

デキる技能者B先輩

必要な資格を取得し、一通りの業務をこなせるようになると、現場作業を任される。職長の指示のもと、施工図を確認しながら施工にあたる。接地工事から電気設備の配線、分電盤の取り付け、配線器具・照明の取り付け、LAN 工事まで、あらゆる施工を行う。

Step3 職長

キビシイ！職長Cさん

現場の技能者を束ね、作業を全体的に見て進めていくリーダー的存在。現場代理人（→左ページ）と打ち合わせを行い、施工のタイミングや技能者の配置などを決める。現場の安全対策や、他職種の技能者ともスムーズに仕事ができるようコミュニケーションを図ることも重要だ。

Step4 上級職長（基幹技能者）

ベテラン技能者のD氏

技能者と施工管理技術者の中間的な役割をもつスペシャリスト。十分な経験と作業能力を兼ね備え、技術知識や提案能力、現場をまとめる力、工事を効率的に進める管理能力などが求められる。

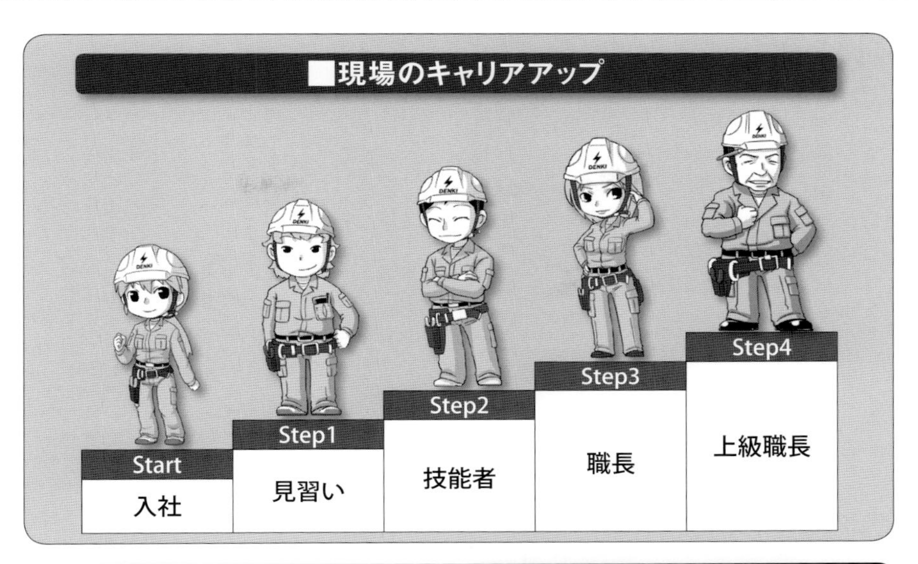

施工管理のキャリア

現場代理人

現場の責任者として現場に常駐。工事の品質や工程、工事原価、安全衛生などの管理を行う。スムーズに工事ができるように、発注者や協力会社などへの対応も重要な仕事の一つ。責任は重いが、やりがいのある仕事だ。

現場代理人のEさん

補助者

現場代理人をアシストして、技能者への伝達、書類の記入・整理、図面作成の補助、現場写真の撮影、資材の発注・チェックなどを担当。それらをこなしながら、現場代理人を目ざす。

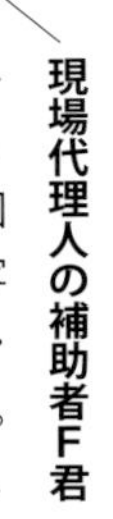

工事部長・工事課長

それぞれの現場代理人が抱える各現場を組織的に管理する。必要に応じて現場代理人にアドバイスをしたり、経営の補佐的な役割も担う。

電工男子の1日に密着!

現場では常に緊張感をもって仕事にあたることはもちろん、他業種の技能者とのチームプレーも重視。実際に現場ではどんな仕事をしているのか、1日のタイムスケジュールをのぞいてみましょう。

AM8：00

出社後、車に荷物を積み込んで現場に集合。ラジオ体操で体をほぐした後、朝礼で監督から注意点を聞く。

AM8：20

TBM（ツールボックス・ミーティング）。電気工事士と現場代理人が集まって、今日の作業を確認。

AM8：30

作業スタート。鉄筋を組んだベニヤ板の上で、太いケーブルを通すスリーブ（金属の筒）を入れる。別の班は天井や壁の鉄筋の中にボックスを入れ、その中にケーブルを通す作業を行う。

AM10：00

午前中の休憩時間。頭と体を休めながら次の作業に備える。

AM10：15

作業の続き。前もって電線の接続を済ませたユニットケーブルを使って配線を行う。

PM12：00

お待ちかねのランチタイム♪　テーブルにはボリューム満点のお弁当がスタンバイ。さあ、食べるぞ～！

PM1：00

午後の作業スタート。天井に取り付ける物の位置を出し、ジョイントボックスを付けながら配線していく。

PM3：00

午後の休憩時間。ラストスパートの前に、しっかりと休む。

PM3：15

いよいよ作業も大詰め。壁や天井内に配管し、大量のケーブルを配線。天井からぶら下がったケーブルがいっぱい！

PM5：00

今日の作業はここまで。いったん会社に戻り、荷物を下ろして先輩と反省点を話し合う。今日一日、おつかれさまでした！

取材協力：前田建設工業（株）、（株）電成社

電工男子の 定番スタイル

電気工事の現場で着用する「作業服」は、会社によって スタイルはいろいろですが、最も重視されるのは機能性と清潔感。その服装には電気工事士ならではの決まりごともあります。

電気工事士が現場で着用する作業服（ユニフォーム）は、作業がしやすく機能性に優れたものであることが鉄則。現場作業だけでなく、クライアントと会って打ち合わせをすることも多いので、清潔感のある服装と身だしなみを心がけることも大切です。

作業服は機能性を重視。夏服は通気性をよくするために脇や背中の一部などがメッシュになっているものもある。

作業服のデザインやカラーは会社によってさまざまですが、ジッパー付きブルゾン（上着）とパンツに分かれたセパレートタイプが一般的。人気のカラーは、汚れが目立ちにくい紺色、青色、茶色、グレーなど、寒色系が多いようです。

上着のポケットにはボールペンなどの筆記用具や検電器やテスターなどが。パンツの横にある深いポケットには、携帯電話やタオルなどを入れる人もいる。

■基本スタイル

ヘルメット
電気工事士の必須アイテム。作業現場では必ずヘルメットを着用し、あごヒモをしっかりと締める。前面にヘッドライトを付けることもあり。

道具袋
腰には道具類を引っ掛ける頑丈な腰ベルト、袋の中には電工男子の7つ道具(→ 126ページ)が収められている。

パンツ
体にフィットして動きやすい脇ゴムのワークパンツ。外側にポケットの付いたカーゴパンツも人気。

ブルゾン
動きやすく機能性を考えたものがベスト。素材は肌ざわりがよくて火が燃え移りにくい綿や、丈夫で通気性・速乾性に優れたポリエステルなど。静電気を抑える制電機能付きも。

インナー
作業服の下は汗を吸いやすいTシャツなど。

手袋
作業内容によって、電気を通さないゴム手袋、軍手などを使い分ける。

ワークシューズ
作業内容によって、安全靴とスニーカーを履き分ける。靴ヒモはしっかり締める。パンツのすそが引っ掛からないように、ソックスや靴の中に入れることも。

ココが作業服のお約束！

Check1
半袖・腕まくりはNG ！
どんなに暑い時期でも、作業中は半袖シャツや作業服の腕まくりは厳禁！安全のために必ず長袖を着用する。

Check2
なによりも重要なのは「絶縁(電気を通さないコト)」！
電気を扱う仕事なので、素材にはなるべく金属を使わないのが鉄則。ブルゾンの合わせも金属製のファスナーではなく樹脂ファスナーやボタン式が多い。

電工男子の魂！工具アイテム図鑑

腰回りのベルトに付けた「腰道具」は、電気工事士のトレードマークともいえる重要なアイテム。いったいどんな道具が入っているのか、電工男子の「7つ道具」を解説します。

これが電工男子の「7つ道具」だ！

①ペンチ

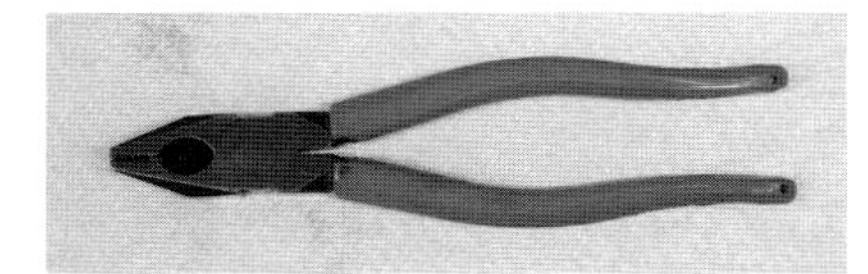

電線やケーブルを切断する必須アイテム。出番が多いので取り出しやすい場所に入れておく。

②ドライバー（＋－）

プラスドライバーとマイナスドライバーは、電気設備の取り付け作業などに使われる。

③ニッパ

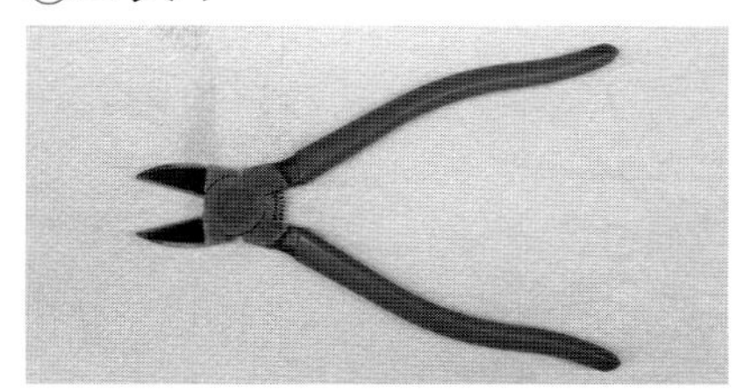

先端が尖っているので、狭い場所で細かいものをカットする場合などに威力を発揮。

④電工ナイフ

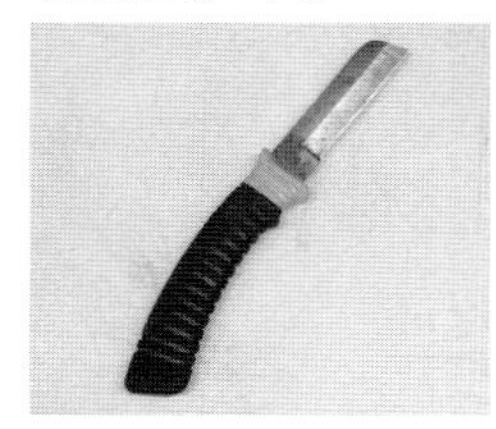

電線やケーブルの被覆（表面を覆ったビニールなど）を剥（む）くときなどに使用。安全のため先端は尖っていない。

⑤ハンマー

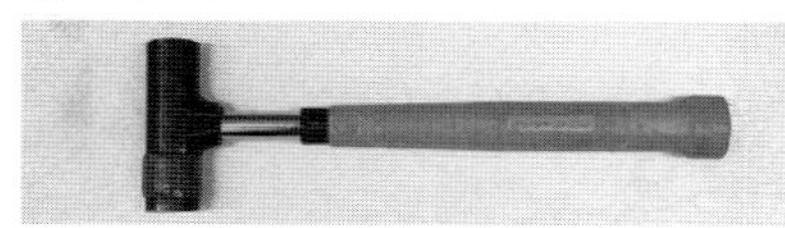

釘やステップル（ケーブルを止めるコの字形の釘）などを打つのに使う。

⑥メジャー

寸法を測ったり、正確な位置を調べるために必須。細いと折れやすいので幅広タイプがよい。

⑦ウォーターポンププライヤ

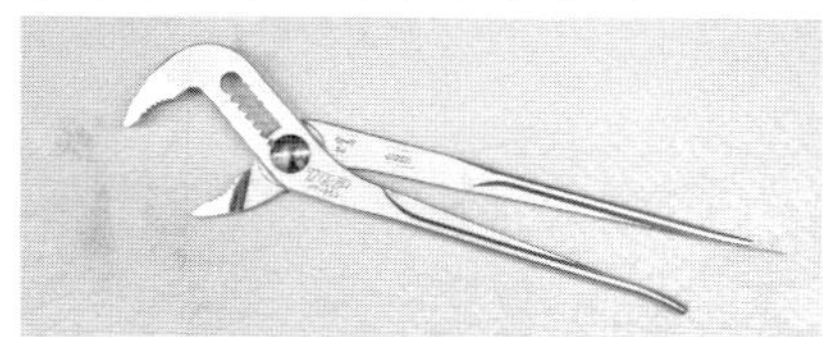

金属管などを加工する際に重宝する。形がカラスの頭に似ているため「カラス」と呼ばれる。

■腰道具を付けた定番スタイル例

必要な道具を腰の回りに下げておくことで、両手がフリーになり、作業をスムーズに行うことができる。全部合わせるとかなり重く、場合によっては6～7kgにもなる。

こんな道具も使いこなす！　工具いろいろ

墨つぼ

墨をふくませた糸の端を固定し、指ではじいて床などに直線を引く。

ラチェット

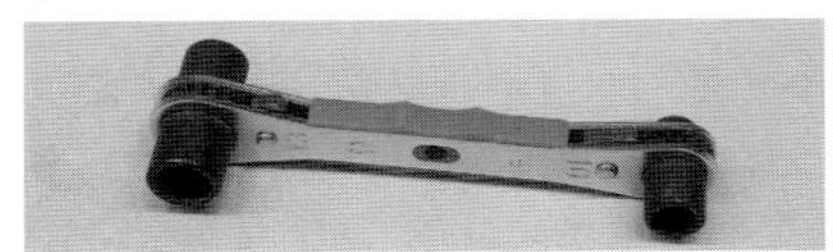

一定方向に回してボルトをしっかり固定するための工具。

ハッカー

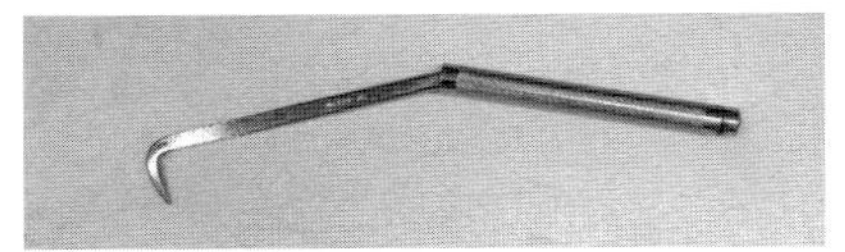

鉄筋に電線や結束線というハリガネ状のものを引っ掛け、手でクルクル回して固定するための作業工具。

圧着ペンチ

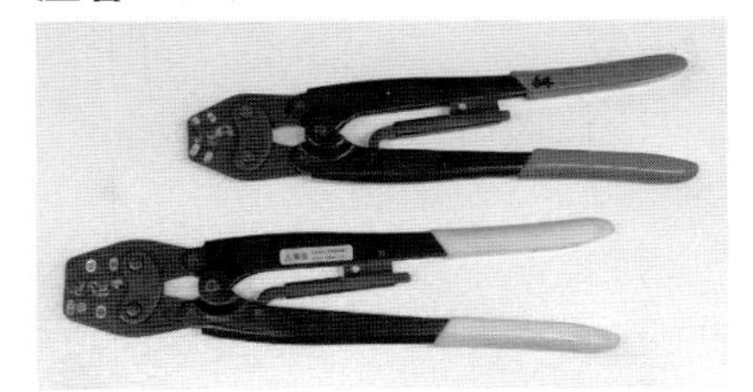

電線の接続に使われる。別名「圧(あつ)ペン」。写真は端子用（上）と黄色い柄のリングスリーブ用（下）。

下げ振り

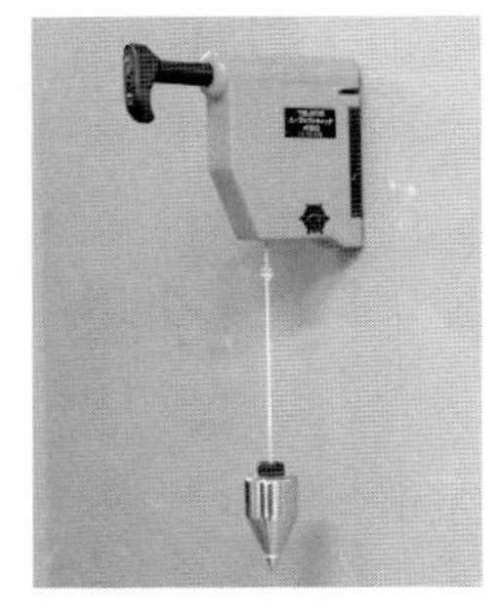

糸の一端に重りを吊るし、垂直を確認したり床の印を天井に移すのに使う。ピン式とマグネット式がある。

取材協力：（株）関電工

電工男子インタビュー　技能職

職場では周りとのコミュニケーションが大事

作田　修一さん（29歳）
株式会社　関電工　東京営業本部　東京総支社　南部支社

―現在の会社に就職したきっかけは？

作田　高校は電気科で、2年生のとき第二種電気工事士の資格を取得しました。もともと体を動かすのが好きだったし、手に職をつけたいと思い、電工の技能者として電気工事会社を志望しました。

―他にどんな資格をお持ちですか？

作田　電気工事関連では、第一種電気工事士、高圧ケーブル工事技能者、玉掛技能者、他にフォークリフト運転者、高所作業者運転技能者などの資格をもっています。

―主な仕事の内容を教えてください。

作田　職人（技能職）として、オフィスビルや工場、ショッピングモールなどの大型施設の施工を中心に工事をしています。また最近では、マレーシアの工場も手がけました。でも電気工事士の仕事は、ただ建物の配線工事するだけではありません。最初に行う基礎工事と一緒に接地工事（地面に接地板を埋める）を行ったり、壁の中に電線を通したり、最初から最後まで工事の現場にかかわります。同じ建物は二つとなく、現場ごとに工事の仕方が違うし、建築など他の業種の知識も必要となるので、覚えることは多いですね。

—職場の雰囲気はいかがですか？

作田　現場は緊張感がありながらも、すごく和気あいあいとしたムードです。この仕事はチームワークはもちろん、お互いにコミュニケーションを取り合うことが大事。ちょっとした連携ミスが事故につながることもあるので、なるべくギスギスした感じにならないように、雰囲気のよい職場づくりを心がけています。

—新人教育も担当されているそうですね。

作田　現場研修では、まず危険なポイントをしっかり教えたうえで、一度は自分で考えさせて、わからところは聞いてもらう。じつは私自身、新人のころは、わからないことがあっても遠慮して聞けず、結果まわりに迷惑をかけてしまったこともありました。だから人見知りタイプの人には、相談しやすいように、こちらから声をかけたりもします。新人には技術を教えるだけでなく、仕事を通して社会性が身につくよう指導していくことも大切だなと感じています。

—どんなところに仕事の面白さや、やりがいを感じますか？

作田　最近は少しずつ知識が身についてきて、仕事が面白くなってきました。やはり自分が取り付けた照明器具に電気が通って明かりがついた瞬間は、達成感でいっぱいになります。一人ではなく、チームで完成させた仕事だからなおさらです。

　面白いのは、空港施設や競技場施設など、普通の生活をしていたら入れないような建物に入れて、バックヤードを見たりできることです。私は普段からどこへ行っても照明器具の取り付け方や配線を見て、「あそこ、斜めだな」とかチェックするのがクセ。職業病ですね（笑）。

—この仕事を選んでよかったですか？

作田　そうですね。今年で入社11年目（2006年入社）ですが、いくつかの現場で職長を経験して、リーダシップとか責任感が強くなりました。職人としてスキルが上がったという実感があるし、仕事を通して人間的にも成長できたと思います。

—今後の目標をお聞かせください。

作田　名前を出せば誰もが知っているような建造物の施工を、できれば職長として手がけてみたいです。あとでその建物を見るたびに、「ここは自分たちが建てたんだぞ」と誇りに思えるし、仕事のモチベーションにもつながります。大きな現場を仕切るのはプレッシャーも大きい。でも、それ以上に完成したときの達成感も大きいと思うので、いつか挑戦してみたいですね。

電工男子インタビュー　現場代理人を目ざす！

施工管理を担う「現場代理人」は責任重大です

吉岡　裕喜さん（24歳）
六興電気 株式会社 東京第一支店

―電気関係の仕事を志望した理由は？

吉岡　父が電気工事士で、小さい頃から電気の仕事に興味がありました。大学は電気電子工学科です。電気は生活に欠かせないインフラですし、やりがいのある仕事だと思って施工管理会社を志望しました。

―社内で新人研修はあるのですか？

吉岡　入社後、まず、4年目で現場代理人になることを目ざす社員教育プログラム（3年の軌跡）による研修が始まります。半年間は電気工事士の下についてしっかり技術を身につけ、現場のことをよく知ってから施工管理の仕事に移ります。この研修プログラムのおかげで、現場での実際の仕事やコミュニケーションの取り方がわかり、危険な個所があればすぐに感知予測できるようになりました。

―仕事内容と1日のスケジュールは？

吉岡　現在はオフィスビルや大型マンションの施工管理がメイン。今は、サブの現場代理人として、主に工事のスケジュール管理や品質管理などを行っています。スケジュールは朝7時半に出社して、8時から朝礼と体操。それから現場を巡回して職人さんの作業を分担したり、施工の品質チェック。午後は職長の打ち合わせに参加して、翌日の作業工程などを確認します。

―現場代理人の仕事で難しい点は？

吉岡　現場代理人は、自分の手で電気の配線工事などをするわけではありません。ですが基本的には一人で現場を担当できるくらい現場のことを隅々まで把握していないといけません。わずかなミスでも大きな損失が出てしまうので責任重大です。

―職場の雰囲気は？

吉岡　電気工事業界は上下関係が厳しいイメージですが、わが社は比較的フラットな感じですね。みんな明るくてチームワークがいいです。ただし現場では、他の業種の職人さんとも一緒に仕事をしますので、普段から積極的に会話をしてコミュニケーションを図るように心がけています。私はまだまだ経験が浅いので、職人さんに電気以外のことを教えてもらったり、仕事をしながらいろいろ勉強させていただいています。

―現場代理人に必要な資格は？

吉岡　自分で現場をもつには「電気工事施工管理技士」の資格が必須ですが、受験には一定の実務経験が必要なので、これから取得する予定です。ほかに電気工事士、消防設備士にチャレンジ中です。わが社では資格試験を受けるために必要な費用を出してもらえますし、合格すると資格手当がつきます。また、学生の時に日本学生支援機構などから奨学金を受けていた人は、入社後に会社がその返済を肩代わりするシステム（上限300万円）もあります。

―この仕事の魅力や面白さは？

吉岡　今年で入社2年目。最初は工程表を見ても何もわからなかったけれど、だんだん全体の動きが読めるようになり、無駄なく材料の発注や職人さんの手配ができるようになりました。自分でうまく管理できると、そのぶん収益アップに反映されるので大きなモチベーションになります。

―最後に後輩へのアドバイスを！

吉岡　できれば学生のうちに取れる資格は取っておいたほうがいいですね。この仕事は朝が早いし、たまに徹夜もあるので体力も必要です。休日はしっかりリフレッシュするために、学生のうちに何か趣味を見つけておくのもよいと思います。

2020年の東京オリンピックに向けて、建設業界は繁忙のピークです。今、高校や大学で電気を学んでいる人は、入社してすぐに主役になれます。しかもオリンピック関連の施設など、歴史に残る大仕事に携わることができるかもしれない。それってスゴいことだと思いますね。

アンケートで電工男子の素顔を覗（のぞ）いてみました！

現場で、てきぱきと仕事をこなし、高い技術で難しい課題にも果敢に立ち向かう・・・。そんな凛々（りり）しい電工男子も、いったん仕事を離れれば、普段の顔をもっています。その素顔を探るべく、今回、撮影した素敵な電工男子の皆さんに、アンケートに答えてもらいました。

1．好きな食べ物は？

【ベスト3】
1位　ラーメン
2位　焼肉
3位　卵料理（オムライス）

◆そのほか、カレーや魚料理、焼き鳥、おにぎり、など。現場は体力勝負、しっかり食べなければ・・・ということで焼肉やハンバーグなどの**肉料理**は人気です。ラーメンやおにぎりなども、小腹がすいたときに食べているのでしょうか？

2．趣味を教えてください。

【ベスト3】
1位　釣り
2位　ゴルフ
3位　サッカー、フットサル

◆そのほか、車・ドライブ、ＤＶＤ／映画鑑賞、読書（マンガ含む）、など。
体を動かすことが好きな人が多いようですが、意外にインドア派の人もいます。**仏像フィギア集め**が趣味という人も。

3. 好きな女性のタイプ

【ベスト3】

1位　明るくて、元気な人

2位　笑顔がステキな人

3位　やさしくて、気くばりができる人

◆「明るくて、元気な人」や「笑顔がステキな人」は、電工男子に限らず、男性が女性に求める理想像でしょうか。中には気の強い人との回答も。

◆ついでに、「好きな女性タレントは？」も聞きました。

【ベスト3】

1位　石原さとみ

2位　綾瀬はるか

3位　本田翼

◆回答では、いろんなタレントさんの名前が挙がっていました。やはりテレビでよく見るタレントさんは人気があるようです。

ちょっと変わったところでは、宮崎駿監督のアニメのキャラクター、ナウシカという二次元キャラを挙げた人も。

4. 好きな色は？

【ベスト3】

1位　青

2位　赤

3位　白

◆仕事で正確さを求められる電工男子は、青で象徴される冷静沈着なイメージがあるのかもしれません。

一方、情熱的な赤も人気があります。自分で現場をまとめていくというリーダーシップを発揮する際には冷静さと同時に情熱も必要になります。

5. 血液型は？

【ベスト3】

1位　A型

2位　O型

3位　B型

◆やはり一番多いのはA型の人。血液型性格占いだと、A型は、まじめな人が多いといいますが、やはり電工男子に会ってお話をするとまじめな人が多いのは本当に実感します。血液型との関係はわかりませんが・・・。

6. 休日の過ごし方は？

【ベスト3】
1位　ドライブ
2位　ショッピング
3位　ゴルフ

◆そのほか、家族サービス、映画（DVD）鑑賞、釣り、食事、など。

休日は、車でドライブに出かけると答えた人が多くいました。「家族で過ごす」「子供と遊ぶ」という人も。電工男子はマイホームパパが多いようです。

◆最後にまじめな質問。

7. 仕事に就いたきっかけは？

【ベスト3】
1位『電工の先輩や家族、親族に』憧れて
2位　やりがいのある仕事に就きたかった
3位　電気に興味があった

◆お父さんが電気工事をしていたり、憧れの先輩が電気工事をしていたり。そういった話から、電工男子になった人が多いようです。

また、大きな建物に携われる、後々まで残る**やりがい**も魅力のようです。腰道具に憧れて電気工事の世界に入ったという人、街と人を明るくしたいという人もいます。ぜひ私たちの街を、その技術で明るくしてほしいですね！

電工男子
趣味のヒトコマ
Marshall
umbro
車
ギター
筋トレ
フットサル
野球
バイク
ゴルフ

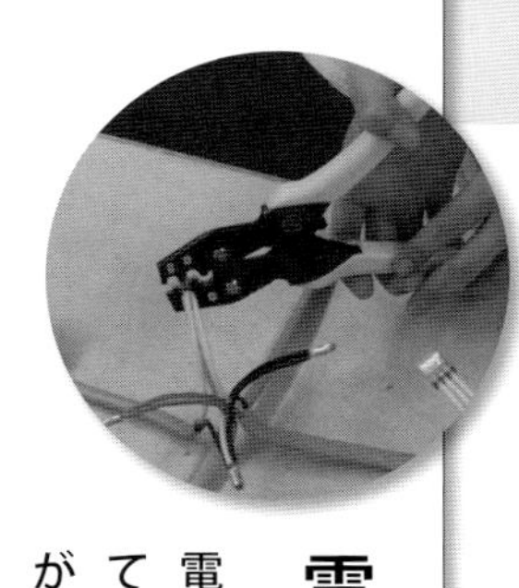

電工男子は資格マニア？　資格を少し見てみよう

電工男子は、たくさんの資格をもっている人が多いんです。でもこれらの資格は、マニアだから取っているというわけではありません。すべて電工男子の仕事に直結する資格なのです。どういった資格があるか、少し見てみましょう。

電工男子が『電工男子』たる所以（ゆえん）

電気工事士

この資格をもっていないと電気工事ができません（一部軽微なものを除く）。電工男子になるために、まず取得しなければならない資格が第二種電気工事士です。職業訓練校の卒業や資格試験を受験することで取得できます。

試験では、筆記試験のほかに、技能試験もあり、実際にペンチやナイフ、ドライバー、メジャーなどを試験会場に持ち込んで、実際に電線の加工をしたりします。

受験者は高校生から社会人まで年齢層が幅広く、中には小学生の合格者も！

実務経験が一定の年数以上になると、さらに上級の「第一種電気工事士」を取得できます（受験そのものは資格制限がありません）。これも筆記試験と技能試験を受けます。

監督する電工男子がもっている

電気工事施工管理技士

電気工事の監督（施工管理）を行う人が取得する資格としては、「電気工事施工管理技士」があります（116ページ参照）。

この資格は、電気工事の管理を行う技術を問う資格で、一定規模以上の電気工事では、必ずその資格をもった人がいなければなりません。また公共工事などで会社の技術力を見るときに、取得者も評価対象になり、施工技術の指導的技術者として社会的に高い評価を受けます。

電工男子の中でも「現場代理人」などを

行う人が取得しています。

1級と2級があり、それぞれの受験資格も細かく規定されています。

試験では、学科試験と実地試験がありま す。1級の実地試験では自分が行った工事について聞かれる設問も。現場にかかわっていなければ取得できない資格でしょう。

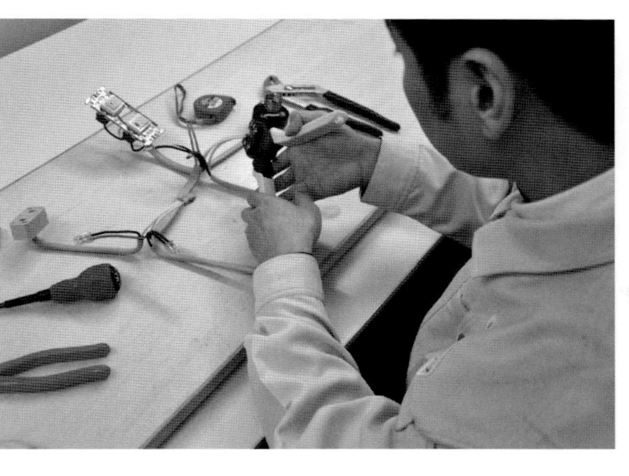

火災から建物を守る

消防設備士

消防設備士は、消火器やスプリンクラーなど、その対象によって細かく区分されています。

電工男子は、その中の「甲種4類」という資格をもっている人が多いです。これは天井にある火災報知器、などの設置工事や点検整備を行うことができる資格です。

電気工事では、火災報知器へ電線を配線したりする工事を他の配線工事と一緒に頼まれることも多いので、このような資格を取っているようです。

実技試験では、製図の問題もあります。

電話工事に必要

工事担任者

電話の工事を行うときに、監督する立場の者が取得する必要のある資格。電工男子でもっている方も多いです。

電気技術以外の通信技術についても学ばなければならないので、電工男子にとっては大変ですが、情報通信などの施工が増えている現在、取得を考える人は増えているようです。

電気のスペシャリストとしてのステイタス

電気主任技術者

この資格は、電気工事を行う人にとって、

実際の電気工事の仕事に使うというよりも、自己研鑽などを目的に取得する人が多いようです（実際には、電気設備の保安監督者として必要な資格）。

第一種・第二種・第三種があり、とにかく難易度が高く、第一種電気主任技術者など、取得しているだけで、他の技術者から一目置かれるほどです。

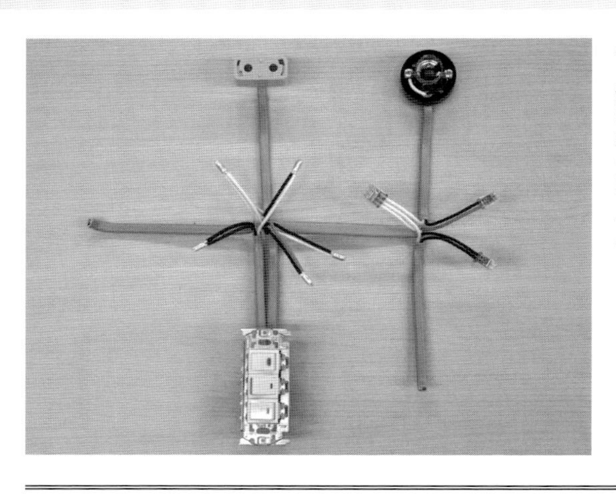

一番難易度が低い第三種電気主任技術者試験（電験三種と言います）ですら、合格率が一割を切る難関。10人中9人以上が落ちる資格試験です。受験を計画する電工男子は、一年以上も前から準備して挑むといわれています。

試験内容は、第三種の場合、一日かけて4教科を受験するというもの。何度も受験して苦労して取得する人も多く、電気の技術者が常に学ぶ姿勢を保つための指標にもなっています。

ほかにもあります…

その他の資格

電気工事では、高所での作業が多いので「高所作業車」を操作する資格を取得する人も多いです。この資格は、技能講習または特別教育を受けることによって取得できます。

ほかにも、「クレーンの運転」、クレーン等に荷物を取り付け取り外しをする「玉掛け」と呼ばれる作業、「アーク溶接」などの資格をもっている人もいます。

さらに、現場での安全な作業のため、職長になる人は「職長・安全衛生責任者教育」を受けます。

このように、たくさんの資格をもっている電工男子。資格取得で、プロとしての条件を整えているのです。

写真提供：（株）トーエネック

このスゴ技を見よ！
技能競技大会を観戦しよう

電気工事技術の強化・継承を目ざし、全国各地でさまざまな競技大会が開催されています。一般公開されている大会も多く、現場で研鑽を積んだトップクラスの技能を観戦することができます。

技能五輪全国大会・国際大会

毎年開催される「技能五輪全国大会」（一般公開）は、原則23才以下の若い技能者が日頃の訓練の成果を競い合うもので、「電工」はそのジャンルの一つ。課題は配線・配管工事だけでなく、動力制御やPLCを使ったシーケンス制御など特殊なものもあり、身につけた技能を駆使して競技にのぞみます。

さらに、この大会で選ばれた選手は、世界の「電工」選手の参加する「技能五輪国際大会」に出場。日本の選手は、数多くのメダルを受賞しています。

電気工事技能競技全国大会

全国の電気工事工業組合に所属する電気工事会社（約3万6000社）から選抜された技能者が一堂に介し、鍛え上げたプロの技を競い合う大会。第1回大会は、平成26年（2014年）に東京・両国国技館で開催され、以降、隔年で各地で開催されています。

競技は、学科競技（30分）と技能競技（180分）の総合点で競われます。技能競技の内容は、各選手が課題にもとづき制限時間内に競技パネルに作品を完成させるというもの。会場では、電気設備関連商品の展示会や、電気技術に関するセミナーも開催。

技能五輪全国大会の会場のようす

若年者ものづくり競技大会・
高校生ものづくりコンテスト

毎年開催される「若年者ものづくりコンテスト」は、技能者を目ざす20歳以下の若者を対象とした競技大会で、工業高校、職業訓練校、専門学校などの学生や生徒が参加します。競技時間は3時間、電気工事に欠かせないさまざまな作業を行うハイレベルな内容です。

また、「高校生ものづくりコンテスト」は全国の高校生を対象に、ものづくり学習の発表の場として開催されます。電気工事部門では、2時間半の競技時間内に、金属管加工や電灯回路の結線など基本的な作業で技を競います。

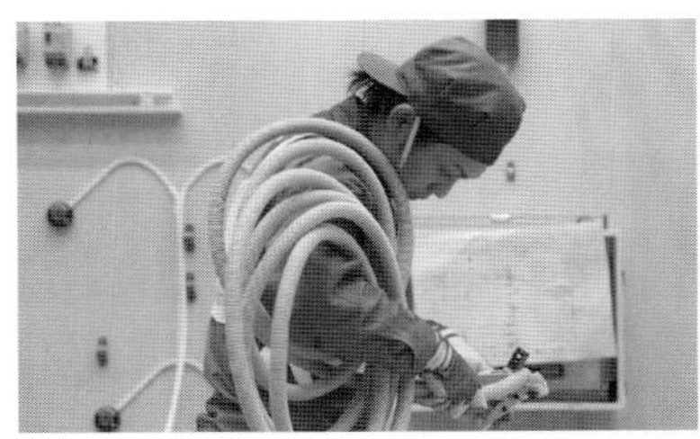

ハイレベルなプロの技を間近に見られる。各選手が使うオリジナル工具にも注目！

どういった意味？電工男子の会話を聞いてみよう！

現場で会話する電工男子は、時々部外者から見ると不思議な言葉を使います。どういった意味なのかちょっと聞いてみましょう。

「この電線、死んでるの？」

電線やケーブルに電気が通っているかいないかを「活き」「死に」で表現します。

病院で工事をしていて、こういった言葉を使うと、あとあと問題になることもあるとかないとか・・・。

「せーの！」「そーれ！」

電線を引っ張るときに、引っ張る場所が離れていることも多いのです。

そこで、引っ張る側と押す側がタイミングを合わせると素早く電線を引くことができます。そのタイミングを合わせるのに「せーの！」「そーれ！」と掛け声で合図します。

綱引きの「オーエス！」をイメージしてもらうとわかりやすい。

「モンキー貸して！」

別にサルのことを言っているわけではありません。モンキーレンチという工具を使うときにこのような表

現をします。

ほかにも「カラス（ウォータポンププライヤ）」「ネコ（工事用一輪車）」「ウマ（足場台）」なんて呼ぶ工具もあります。

「ハト小屋を見てきて」

これも鳩を見にいくように言っているのでありません。ハト小屋とは、屋上にあるコンクリートでできた箱で、電気の配管など屋上に出すのに使われます。

「このビスなめちゃった」

ビスを飴と間違えてしまった・・・・というわけでは当然ないです。ビスに切り込んである十字が削れてドライバーが聞かない状態を「なめる」と言います。

「この電線、ぜんぜん遊びがないよ」

電線がぎりぎりで余裕がないということです。

「天井があるなら転がしでいけるね」

天井裏に隠して配線することを「転がし」と言ったりします。

「ここの壁は打ちっぱなしだ」

ゴルフ・・・ではありません。コンクリートのままで完成した壁や天井などのことを言います。

照明やスイッチの取り付けなど、失敗が許されないので、電工男子にも緊張が走ります。

取材協力

(株) アイテク
(株) ウエダ電機
大鎌電気 (株)
(有) オカザキ電設
(株) 関電工
九州電設 (株)
(株) 九電工
(株) きんでん
グローテック
(株) 弘陽電設
(有) サイトー電設
左納電気商会
島根電工 (株)
東京都立城南職業能力開発センター
真成電設
(有) 伸和電業
(株) 鈴一電気
住友電設 (株)
大伸電設 (株)
拓新電気 (株)
(有) 電建工業
(株) 電成社
(株) トーエネック
トナミ電工 (株)
新潟県電気工事工業組合
西川電業 (株)
日本電設工業 (株)
(有) 野添電設
橋本電気 (株)
(有) フク電工社
不二電気工事 (株)
前田建設工業 (株)
松岡電機工業 (株)
丸一電設工業 (有)
三重電機設備 (株)
山岸電設 (有)
(株) 雄電社
六興電気 (株)
(株) ワイズ電気
ワシデン工業 (株)

(50音順)

制作協力

全日本電気工事業工業組合連合会
北海道電気工事業工業組合
東北七県電気工事組合連合会
北陸電気工事組合連合会
(公社) 全関東電気工事協会
関西電気工事工業会
全中国電気工事組合連合会
四国電気工事組合連合会
(一社) 全九州電気工事業協会

撮影協力

あさひテクノ三雲ソーラー発電所
石橋農場
(株) エフオン白河　大信発電所
熊本県電気工事業工業組合
高知市土佐山へき地診療所
ナルックス (株)

(50音順)

スタッフ

撮　　影：吉岡　隆
宮川　舞子
原田　賢能
鍋田　宏一
椋尾　詩
越　昭三郎

デザイン：コイデマサコ

ライター：戸村　悦子
金本　美代

イラスト：川崎ショーエイ (TINAMI)

企画・編集：電気と工事編集部

- 本書の内容に関する質問は，オーム社雑誌部「(書名を明記)」係宛，
書状またはFAX(03-3293-6889)，E-mail(zasshi@ohmsha.co.jp)にてお願いします．
お受けできる質問は本書で紹介した内容に限らせていただきます．なお，電話での
質問にはお答えできませんので，あらかじめご了承ください．
- 万一，落丁・乱丁の場合は，送料当社負担でお取替えいたします．当社販売課宛お送
りください．

電工男子

平成28年 10 月 25 日　　第1版第1刷発行

編　者　電気と工事編集部
発行者　村上和夫
発行所　株式会社 オーム社
郵便番号　101-8460
東京都千代田区神田錦町3-1
電 話　03(3233)0641(代表)
URL　http://www.ohmsha.co.jp/

組版　コイデマサコ、アトリエ渋谷　　印刷・製本　図書印刷
ISBN 978-4-274-50633-8　Printed in Japan